旧中国の軍隊と兵士

佐々木寛 著

日本僑報社

はしがき

私は満州から引き揚げて来たものだが、在満中から、日中、市街地に厖大な遊民が放浪し、日本官憲による浮浪者狩りを始終見聞していた。終戦後、上海を訪れた時も遊民や浮浪者が多く強烈な印象を受けた。文化大革命前の中国がまだ貧しかった時の話だ。明清時代の街や村を扱った史料にも多く記載されている。これら遊民、いま流行のホームレスだ。遊民は、私の大学在学中からの大きな研究テーマだった。当時流行の大塚史学やマルクス史学の中国革命史には全く興味がなかった。というのはこれらの方法論ではこのテーマを裁断できなかったからだ。もっともこれらの史学ではこのテーマを歴史の些末な事象として、全く相手にしていなかった。遊民は旧社会の様々な産業、職業から放逐された、社会の底辺民だ。かれらの最大の放逐先は明・清・民国時代を通じて軍隊であった。

（本書のために書き下ろし）

目次

第一章

清朝の軍隊と兵変の背景

一

清朝の正規軍には、満州王朝の近衛軍団的性格を具有する八旗軍と漢民族の傭兵から構成される緑営軍とがあるが、ここで主として論ずるのは緑営軍についてである。緑営軍は旧明朝の軍人の内、引き続き軍にとどまることを希望する者を整理収容且つ再編成してなったものであり、清初（順治年間）八旗と併立して遂次全国に亘って設けられていき、約六十万の常備軍となった。しかし、創設当時はその運用如何が未決で、主として警察的任務に駆使され、官軍としては八旗軍がその任務に当った。緑営軍が戦力として行使されるのは三藩の乱からであり、以後準部、回彊、金川の役などに起用されて実戦に於て八旗に代る清朝の基幹戦力となった。これに対し約十万内外の八旗軍はこれら緑営の監視統制に当り、その兵力の温存が図られた。かくして緑宮は経制兵、額兵ともよぼれる如く、光緒二十一年近代的な洋式軍隊である新軍の設立まで建前としては、清朝の正規軍の役割を担った。しかし、正規の常備軍とはいうものの捕盗、巡察など広般な治安維持に任じ、軍隊というよりも警察的性格濃く、また乾降以降泰平の世にあって優柔に流れて虚設の軍隊と化した。[1]

もともと、かかる傭兵制の軍隊は、明代からの踏襲であり、基本的には宋代以降の君主独裁体制の確立とともに、皇帝の手中における行政の集権化、物的経営手段の集中化に従って発達してきたものである。もちろん、それまでの軍籍に固定され、自己装備と糧秣自弁する屯田兵ないし軍戸（兵戸）制の軍隊も断続的には併存するが（征服王朝の元朝の軍並びにそれを継承した明前期の衛所制の軍）、宋代以降の軍隊は、基本的には皇帝から装備と給養をうける官僚制下の傭兵軍が常備軍の中核をなしていた。しかし、皇帝に直属する傭兵軍が十全に機能するためには、養兵財源の集中・集積・財政手段の発展、さらには貨幣経済の充分な展開を前提とする。なるほど宋代以降の貨幣経済、とりわけ明中期以降の貨幣経済の農村への浸透、農村家内副業の商品生産化、生産物の全国的流通網の成立は、随時随所で現物を貨幣で調達しうる傭兵軍の成立を可能にした。しかしながら、それが単純再生産の繰り返しにとどまって、資本制生産の発生という方向へ貨幣経済の充分な展開をみなかったことは、官僚制的傭兵制の貫徹を不徹底ならしめ、兵士による自己装備と糧秣自弁という旧時代的な要素を温存させ、そのことが、自から皇帝の傭兵軍を将官と兵士の人身的支配関係に立つ分権的且つ私的軍隊へ分解せしめる矛盾を内包させていた。[2]

かかる兵制の歴史的趨勢の中にあって、清代の緑営軍も前代の軍の遺制を受けつぎ、将官による兵餉の私費化、兵士の私役化、家丁の蓄養が一般化し、武選の法乱れ、武官の任用は金銭授受と同族・姻戚・家丁を軸とする私人関係が優位を占め、督・撫・提を頂点とする閥的関係が皇帝軍の中枢をなし、軍の査点は私的関係で結ばれた上官と下官の馴れ合いの中で虚文化するなど、絶えず将官の私的軍隊へ分解する傾向を孕んでおり、また軍衣、兵器、火薬などの軍装は、形式上はともかく実質的には自弁であり生計維持の唯一の資たる兵餉はそれら軍装その他の軍維持費にあてられるなど、貨幣経済未発達の中の傭兵制の欠陥を露呈していた。

ところで、かかる中国封建軍隊の矛盾を端的に示すのが所謂「兵変」である。「兵變」はすでに明代からみられるが、清代になって一層その風さかんとなり、清実録には、各皇帝の治世において「兵變」の記事が散見する。試みにその二・三を例示すれば、乾隆十四年八月、湖南洞庭協の兵變は、副将が兵丁を私事に使役したことから起り、[3] 乾隆十五年十二月、甘粛寧夏鎮の兵變は、兵餉散給時、債務の帳消しを求めて拒否されたことから起っている。[4] また乾隆十八年の陝西延綏鎮の兵変では、軍装の補填のため餉銀を扣留したことから起り、[5] 嘉慶十年七月の陝西寧陳鎮の兵変は、辺地手当を減給したことから起っている。[6] 就中規模大きく清朝を震憾せしめたのは康熙二十七年の武昌兵変である。本兵変の直接の動機は、三藩の乱平定後、雲貴の防衛に増員された湖広標兵五千名の内三千名が、雲貴平ぐに及び、裁汰されたことを不満として、夏逢竜を首領とする裁兵数千が変を起したもので、撫署を根城に武昌、漢陽、威寧、嘉魚、蒲折、黄州、薪州の諸地を陥し、江湖の盗賊を擁して脅従する者数万に及んだという。叛乱の鎮定には、起事を隔たること二ヶ月を要し、その余波は寧夏、河南各地に及び同様の兵変を惹起せしめている。[7]これら「兵變」の原因はさまざまであるが、その底流をなす所の共通点は、将官の兵餉私費化、兵士の私役化など武弁による軍隊の私物化に対する反発である。もともと傭兵軍の兵士は、封建的土地分解の中から析出される最下層の貧民からなり、中国社会の尚文偃武の風潮と相俟って劣等意識をもった兵士しか集まらず、それだけ将官による軍の私兵化に対する反抗は熾烈で、その最下層貧民の精一杯の抵抗として現象するのが「兵變」であろう。

　ところでこの兵変の原因をなす所の武官による軍の私兵化を象徴するのが「虚冒扣剋」なる陋習である。例えば前述の武昌兵変の直接の原因は、冗兵の裁汰から起っているとはいえ、裁汰に与らぬ標兵もこれに加担しているところからみても、原因はより根深く兵の待遇に対する不満が瀰漫していたところから起っている。具体的には本兵変に関する閩浙総督王階の上奏文[8]に「逆賊夏包子（夏逢竜）一無頼営棍に過ぎず即ち本標豈に血黨を盡くせんや。……総べて虚冒扣剋の習成故事による。我が皇上経制額定の兵數あり而數足らず。兵丁皇上全給の餉銀を受く。而して銀半ばを減ず。……数足らず而して兵虚、銀半ばを減ず而して兵怨む。」とある如く「虚冒扣剋」である。「虚冒」とは将官が虚糧を冒し、帳簿上だけの兵をつくり、兵餉を私服することで、「扣剋」とは将官が月糧を剋り、兵餉の上前をはねることである。前者は常備軍を虚設の軍隊と化せしめ、後者は「兵変」を惹起せしめる。「虚冒扣剋」は軍政の他に上級官庁の不定期監督によりしばしば挙げられており、王朝の軍隊の普遍的な慣習であった。いまここにその典型的な例をあげると、康熙三十九年九月、湖広総督郭琇は鎮筸協の兵士が上官の虚冒扣剋を不満として騒動を起したので、その実態を探ったところ、沅州総兵官張大受について以下の虚冒扣剋が摘発された。張大受は苗地の治安強化のため同標兵一千名を帯して鎮筸標へ移駐を命ぜられたが・実際の帯兵数は四百七十三名にすぎず、残り五百二十七名は虚兵であった。この他総兵公費糧百二十分、親丁糧二十分（総兵官の公認親丁糧は六十分）、苗頭食糧十分の虚冒名糧があった。それのみならず同総兵官は毎季放餉のとき、各兵一、二銭の扣剋を行っていた。[10] また康熙四十九年湖広緑営の衡州協では、軍政により摘発された虚兵冒餉は次の如きものであった。同協の額設馬戦兵は七十三名であったが、四十八名しか実在せず、残りは虚名であった。虚兵二十五名の内、十六名は副将朱国、五名は都司賀爾熾、千總藩士洪の冒餉にかかわり、四名は提督兪益讓に呈送すべきものであった。この他、額設歩戦兵百十三名の内二十一名、額設守兵四百九十七名の内、三十七名が同じく虚兵で前掲各士官の冒餉せるものであった。[11] これらは、何れも康熙年間摘発された例であるが、雍正年間に入っても、相変らずこのような将領冒餉の類例があるところからみても、雍正帝の軍刷新策にも関らず問題が一向に解決されていないことを知るのである。しかもこれらの事例は、軍政期などに、偶然発覚したもので、現実には記録に載っていない膨大な冒餉があったと考えられる。清朝にあっては、前代に比し、形式上このような軍官の虚糧冒餉行為に対しては厳しい配餉監察体制が施かれているが、それにも関らず、兵餉流用行為が普遍化しているのは、如何なる理由によるのだろうか。本章は、このような軍制の矛盾を体現する「虚冒扣剋」に焦点をあてて、その実態と原因を明かにすることにより、中国の封建軍隊の性格の一端を浮彫りにするのが目的である。以下先ず、これを虚糧冒餉の操作捏造の過程から俯瞰してみたい。

二

将官による兵餉の横領（冒餉）は、その台帳を捏造して幽霊兵員を作為することから始まる。元来、兵卒の姓名、年貌、兵額を記載してある冊籍は、単に兵餉請求・受領の元帳たるのみならず、兵卒の姦偽を審査し不祥事を防ぐ用も兼ねていて兵卒管理の唯一の台帳でもあった。然るに、緑営の各営に備えてある兵丁冊籍は、実際には、その記載は杜撰を極めており、年貌一致せず、姓名互いに異るものが多く、なかには、軍営中、千把から兵丁に至るまで一人として真の年籍のものがなかったという例[12]さえある。このことは、兵丁冊籍に記載されている姓名、年貌はその多くが、実在しない旧兵（退役兵）のものであることを意味する。これを在営の兵卒の側からみれば、自己の真の名でなく、営に実在しない幽霊兵卒の姓名を名のらされていたことになる。緑営の兵卒に「頂名の兵」なる呼称が与えられる所以である。従って、兵卒の多くは入営時に姓名を変えられ、将官より与えられた空名を以て自己の名とされたのである。[13]冒餉を目論む将官は、兵卒が戦病死その他の事故で除隊になっても、その名を冊籍から除かずそのまま載せておき。新たに兵を召募すれば、入営の新兵に除隊した旧兵の名を与え、姓名を変更させた。退役兵を冊籍より除籍抹消しないのであるから、その分として給付される餉銀が将官の懐に入ることはいうまでもない。[14]一方、兵員の増額に際しては、水増しして報告し、[15]或いは期日をずらせて徴募し時期外れに新規採用を報告するとか、[16]又戦死兵の員数も実数より少く報告するなど、[17]あの手この手を用いて兵餉の着服を図った。その間上官の監察に遭遇すれば、これを糊塗するため仮名の兵即ち「頂名の兵」が利用された。例えば、頂名の兵を以て退役の旧兵に充て、また同一の営に籍をおく頂名の兵を城内の営と塘汛（分遣地）に交互にたらい回しするなどして遣繰りし上官の虚兵監察にそなえた。[18]老弱あるいは不法のかどで頂名の兵を除隊ざせる場合も、即時に退役させず暫く営にとどめておき名目上の新兵に充て、その間の餉銀を着服した[19]。然し、定員に満たない頂名の兵だけで万事隠蔽するわけにもいかない。軍政その他の不定期に行われる軍隊の監査は、大体冊籍の上だけの形式的なものが多かったが、時には清官を以て聞える督・撫・提の厳しい査點にあわないとも限らないからである。だがこのような場合も。彼らは家丁や衙役を以て替玉兵に充て、或いは営近辺に居住する同族や親戚を捜し求めたり[20]、或いは、別の将官と通じ輩下の兵卒をかり、冊籍年貌を互いに替えるなど、その場しのぎの員数を取り揃えることが可能であった。時には路傍の人を狩り集めてごまかすことさえ行われた[21]。まして各営の所在地と督・撫・提の衙門とは相離れているのが普通であったから、上司の到着するまで数日かかり臨時的な「不意密行」の査點の行われる場合はともかく、毎年の定期的な春秋両季の査點やその期日の予知されうる軍政時には、定員を満たすだけの替玉兵士を予め待機させておくことが充分可能であった[22]。しかもこれら監察にあたる上司は下官と賄賂や地縁血縁などを通じて馴れ合いの関係にある故、緑営の軍隊の査察は殆ば形骸化していた。

三

ところで、国家権力の基幹を支える軍隊がこのようにその定員の過半が、幽霊兵卒で占められ、兵餉の配分が将官の自由な裁量下にある現実に対して、清朝では、歴代禁令が喧しく発せられ、定期監査を行って統制を加えているにも関わらず、清末に至るまで基本的にかかる軍隊の弊風は改まらなかった。武官の勤務評定たる軍政の合格条件の一つに「給餉無虚」が定められていても、[23]このような国家による統制・監督はいずれも形式上、法制上のことであって、現実には黙認ないし放置と同然であった。それというのも、実はその根底には武官による兵餉の私費化を必要悪として黙認せざるを得ない軍制ひいては行財政の矛盾が伏在していたからである。兵餉の着服（冒餉）、兵餉の天引き（扣剋）は、表面上は将官の飽くなき私利追求行為に起因するかの如き外観を呈する。然し、冒餉扣剋により得られた兵餉の使途を検討すると、必ずしもそうはいいきれない側面があるからである。着服された兵餉の使途は、⑴公費⑵家人衙役の人件費養贍費⑶上官への規礼節礼費[24]の三つに大別されるが、これらの費目を通してその底流に中国の家産的官僚国家体制ともいうべきものの歪みの反映が見られないだろうか。本章では主として⑴⑵を中心としてその背景を闡明してみたい。

幽霊兵員の操作により浮いてくる空糧の使途を追うと、先ず大きな比重を占めるのが公費である。この名目の空糧は伝統的なもので起源は明かにしえないが、大体康熙年間以来各営で当然なものとして慣例的におかれ、種々の公事に支出されていた。例えば、雍正二年山西太原総兵官の奏摺に[25]「臣属の各営康熙二十四年より前鎮臣馬見伯任内に、公費糧三百零八分な存留し以って大小二十八營の一切応辦公事及び各項の軍械旗幟を修補するの用と爲す。該臣看得するに、此項の空糧向に各營公費と爲すと難も、但し未だ奏聞を經ず、實に虚冒に属す。臣随って各営に厳飾し即ち招募を行ふ。」とあり、太原鎮では康熙四十二年以来三百八名の空糧があり公費と称されて種々の公事や軍器軍旗の修理補填に支出されていたことが判明する。更に公費の内容を明かにする為に雍正硃批諭旨の武官の奏摺から公費名糧より支出される例を摘記してこれを分類すると、およそ次の六項に概括される。

①旗幟、鑼鍋、張房、盔甲器械等の修補製造費
②春秋操演火薬鉛弾の費
③毎季領餉脚価盤費
④兵馬奏鎗季報冊籍紙張費

⑤霜降迎神祭祀の費
⑥揚兵稿賞賞給兵丁等の費
⑦汛防窩鋪衙署等の修補建造費

これを通観すれば、公費とは緑営の各軍団の軍隊としての実質を整えるのに必要な物的人的諸経費ないし維持費ともいうべきものになろう。つまり緑営軍団の最少単位である営において、必要な経常費を公費と称していたのである。この公費は各営において軍隊の実質を保持するためには「省くべからざる必需」[26]のものであったのだが、注目すべきは、かかる細々とした経常費に充当すべき財源は殆どなかったことである。例えば負担の大なる軍器の修理補墳などについてみれば、その財源は法制上明確な規定はない。ただ兵器の定式とその修理補填に当って、該管轄官は必ず兵部に造冊具題する義務を示しているだけである。もっとも時には兵器の欠損の補充に各省の司庫銭糧を支出した場合もなきにしもあらずだが、それは例外的な支出であり、例えばその省に営の新設があって臨時に多く経費を要するような場合に初めて適用されるのであって、経常の各営における軍器修理補填費は考慮外であった。その結果「軍器冊貯存営する者は十の三に過ぎず、該営官も接受の際報明せざること、四、五十年、軍装俱に已に朽蠹し、鉄器も亦銹爛せり」[28]という放置同然の営さえあった。しかし大方は各将官が様々な手段で遣繰り算段して軍器の修理整備に当った。その経費の出所は通例公費糧に仰ぐ場合と兵士に負担させる場合の二つがあった[29]。この内、前者の公費糧による穴埋めこそが将官の冒餉によると思われる空糧の大きな原因をなしていたのである。しかもこの名目の空糧は営ごと或いは標ごとに大体一定しており、将官の交代ごとに、そのつど設置せられるものではなく、恒常的にその営又は標に存置される性格のものであった。無論これは清朝の経制上雍正朝までは公認されたものではなく、緑営将官の間に暗黙裡に了解されていたにすぎなかった。「公費」の「公」は各緑営軍団（営又は標）において「公用」のという意義が具有される故、それは将官の私的利益に供されるべきものではなく各軍営にあって軍隊の実質的形態を整えるのに須要なものという意義をもつものと考えられる。だが、こうした軍隊維持の物的人的経常費は各軍団では須要な経費ではあっても国家全体の経費から巨視的にみれば、微細なもののようで、州県の正項銭糧支出費目には計上されていないのである。地方の存留銭糧の内、緑営関係に支出される主なものは、将官の俸銀と兵餉の二項目で他の経費は埒外におかれていた。ただし、こうした軍隊の公用に資すべき経費が全く正項銭糧から支出されなかったとは必ずしも断定できない。例えば、外征の際の用兵費などは一時に巨額の官費を要することから、臨時的な支出がなされる。けれども、この場合といえども、正項銭糧の支出の対象となるのは、大体、増員された兵士の糧餉、兵卒賞給銀両などの人件費に限られ、それ以外の出征経費―例えば各項の軍装整備費、兵丁行装衣服及び油単雨具、雇騾脚価盤費等々―は各将官ないし兵卒の自弁であり、司庫から臨時的に借銀し、事終ってから公費や養廉銀或いは俸銀や餉銀から随時返還するのが通例であった。[30]そこで問題になってくるのは、清朝において、地方行政費はどのように運用され、またその中で軍隊の諸経費はどのような位置を占めていたかということである。周知の如く、清朝では、地方で徴収された税粮その他の収入は存留、起運、協餉の三項に分れる。この内起運は京師へ輸解する分であり、協餉は他省への軍事的援助費（主に兵餉）であるから、地方の経費に、直接関係はない。従って地方で必要とする行政費は、さしあたり存留分によって賄わなければならないことになるが、この内藩庫に封儲される存留銀両は、主として最上級官庁（督・撫・司）により全省に関する経費に動用されるもので、俸銀、船工河工工食銀、官兵白事銀、科場費、賞郵費稟膳費憲書工価銀、物料採弁費等々が支出の対象になった。[31]前述の外征の用兵費なども藩庫銀から支出される場合があるが、これら支出項目の大体は、人件費であるのが特色である。また親民官たる下級官庁（知府同知、知州、知県）の地方行政費は州県留儲の存留銀から賄われるべきものであったが、その支出対象を検討すると、大体、官役俸工、駅站、雑支

(廩生の給費、祭祀、郷飲の費など）の三項目で、やはり生活費ないし手当の如き人件費的性格に限られていた。従って、地方の正項銀の中には、軍隊関係の経費は別として、一般民政上の公的事業費―例えば、橋梁、道路衙署等の修造、逃荒饑民の救済費、農田水利費、各衙門の奏摺、紙張、上諭刊行の費等々―さえ含まれていないことは自明であろう。実際、地方官、なかでも親民官たる州県官などは、その職務は多岐に亘っている。従ってその行政に必要な諸経費は前三項の款目しか含まぬ正項銀のみでは、到底運用不可能であった。そこで清朝の地方官は、これら正項銀の支出対象の埒外にあるが、それにも関らず地方行政上必要とする諸経費は、軍隊の場合と同じくやはり「公費」と称し、適当な手段を設けて自ら弁じなければならなかった。雍正帝の耗羨提解以前は、主として州県官によって「私徴入己」された耗羨の一部がそれに充てられていた[32]。但し、この督・撫・司・道・府・州・県各衙門管掌の公費とここで論ずる武職衙門（提・鎮・協営各衙門）のそれとは些か性格を異にするものである。前者が地方行政一般に関する諸経費であるのに対し、後者は前者の内とくに軍務行政に関わる諸経費を示すということができよう。そして前者の財源が主として税粮徴収の際の耗羨に依拠したのに対し、後者のそれは、主として空糧即ち仮空の兵餉に依拠していた。もちろん両者の区分は、それほど定かなものではない。そもそも各地の緑営の最高統轄官たる督撫が他方では地方行政の最高の統轄者であることからも判断されるように、督撫の如き上級武職衙門においては、一般民政の公費と軍隊の公費との間の区分は明確ではなく、両者は不可分のものであった[33]。従って、主として一般民政の公費に充当されるべき所の火耗を主とする私的財源は、他方では軍営を整備するためにも支出された。また州県官は軍隊の節制権を有しないが、州県所在の各種の営繕物に関する財政面の直援の担当官であることから軍器、営房の修補など各種の軍営の整備費は一般民政の公費と一体をなし、その経費の支弁も一般民政と同様な方法でなされた。塘汛営房、砲台の修葺など営に関する公事が彼らの公費捻出の常套手段である「里民への加派[34]」「耗羨銀両内より支弁する[35]」という方法で行われたのは、その例である。しかし、このように民政の公事と軍営のそれとが、その経費の支弁にあたって一体となって処理されていたことは、一面では軍営の財政的充実を阻む役割を果した。即ち全省の緑営統轄節制の権を有するとともに、他方では地方民政の統轄官でもある督撫は各軍営の末端輜重にまで配慮しかねるのが実情であったし、まして軍隊の節制権のない地方官―とくに、民政万般に亘る職責をもつ州県官―は文尊武卑の社会的風潮と相侯って、軍隊への財政補助を軽視しがちであったからである。本来、清朝の経制としては、武弁独自の財政措置は認められておらず、従って一般行政から区別された軍隊固有の公費はあり得なかったはずであるが、このように地方行政に於て軍隊に関わる諸経費が、兵餉や武弁の俸銀の他に、あまり考慮されてないとすれば、別途に財政を開拓せねばならないことになろう。緑営の各将領に於て、一般民政と一応区別された軍隊固有の公費が設定され、軍の唯一の収入たる兵餉を冒領して公費の財源にあてざるを得なかった所以である。

さて、かかる軍隊の公費は、最終的には兵餉を財源とするにはかわりないが、そこに至るまで様々な捻出形態をとってて調達される。その一つは、これまで述べてきたように空糧を設定して、これを公費糧に充当する方法であるが、その他、これまで触れなかったものに兵士に直接負担させる場合がある。以下これについて述べたい。例えば大量の兵器や軍服などを新造・新調するために公費が、巨額にのぼるとき、さし当り藩庫銀から借りる例[36]が多い、その返済は公費名糧を当てる場合もあるが、年賦で将官の俸銀から捐出したり、兵士の月餉から扣除（さしひく）する事例が多い。前者についてみれば、江四南昌総兵官陳玉章は「（同鎮標所属）城守水師四営の盔甲、やや舊きを覚え、臣まさに捐俸添造せんとす[37]」と述べており、更に同人が署理大同総兵官であったとき、同鎮所属殺虎協営の軍器整備の状況を伝えて「査するに旧損せる盔甲一百八十副あり。……該協副将丁士傑をして公同捐資して京に赴き修造せしむ[38]」と奏しているのはその一例である。しかし将官による捐出は、究極的には兵士の負担となる。なぜなら、こうした将官が行う捐俸による穴埋めは、やがて兵士に転稼され、兵餉の扣除を醸成するからである。[39] 後者即ち兵餉を給付するとき差し引いて渡し、その分を公費にあてる例も多い。一、二あげれば、直隷天津鎮標の場合、正月春餉の散放期にあって、標下三営の歩兵から一人当り銀六銭二分を差し引き（扣銀）、各兵の号衣製弁費に充てている。[40] 更に河南河北鎮標所属磁州営における「衆兵毎名自ら九分を捐銀、共に銀四十七両零、乃ち営中祭祀等の公費に係る」[41]という公費支弁方法も兵士の自主的な扣銀によるものではなく、実はこのような上からの強制によって行われたものであろう。これらは何れも将官によって措置が講じられているものだが、専ら兵士の自弁にまかされた例も多い。河南河北総兵官紀成斌は「臣、各営の旗幟號衣等の項、具に已に舊敝せるを見、詢へば、向に兵丁の自備に係はり、年歳県歉収せるにより是を以て未だ更置するに及ぼずと稱ふ。」と述べており、[42] また四川重慶鎮では「火薬等は向に鎗手自備に係り苦累せざるなし[43]」と同標総兵官は述べている。[44]

こうして公費名糧以外の公費の遣繰りを探っていくと、直接的であれ、間接的であれ、結局、兵士の負担にかかってくるものであることが理解される。従って、公費の財源は、空糧を設けて諸経費に充てる場合と、このように領餉時に兵餉から差し引いて兵士に直接負担させる場合の二つに概括され得る。将官の私的操作による空糧設定と兵餉の減給が、軍隊公費の主な財源であったとするならば、そのこと自体に「虚冒扣剋」の規定づけを行うことはできない。従って、これらの行為自体は直ちに官費の「乱取入己」に結びつかないものである。にも関らず、ここで再び軍隊の公費並びにその支弁法を想起してみなければならない。元来公費なる軍財政の項目は、国家の家計上、正当な位置を占めていたものではない。いわば国家財政の埒外にあるのであるが、他方、精強なる軍団の保持と運営を財政的裏づけなしに上から規制されている緑営の将官は、その任務の全うのため、また自己のポストの維持のため。これらの経費を各々の裁量によって私的な方法で適宜処理せねばならなかった。つまり、こうした緑営将領の財政的措置は、国家との関係からみれば「私的」なものであるが、他方、軍営内部にあっては「公的」な性格をもつものであったのである。ところで、ここで重要なことはかかる軍財政のあり方こそが、他ならぬ緑営営伍の「廃弛」を規定せる一因をなしたのである。なぜなら、これらの経費が、国家の公的な財政の範囲外にあるのを利し、且つ軍営整備に「必需」という名目の下に、餉銀を横領着服することが可能であったからである。例えば、浙江観風整俗使王国棟の奏摺で営伍情形を述べた部分に「向年營伍中、尚公費空糧數名あり。甚しきに至っては公費を借りて名と爲し、烹肥入己する者あり」とあり[45]、また浙江提督石雲倬は「查するに、浙省営伍、積廢の後に當り、軍装甲械の損壊齊しからず、教場公署僅かに白地を存するのみ。その此を致すの由を揆るに、その端二あり。一は則ち公費に籍りて私囊を潤す。病は侵蝕にあり。一は則ち虚名に務めて實効を忘る。病は矯情にあり、臣、歴査するに、前任提臣王世臣、呉郡の隠食空糧數百名、一切の営制度外に置く、此れ則ち侵蝕の尤なる者なり。」と奏請し[46]、将官が公費に名を籍りて空糧を隠食することが、営伍の積廃を生み出していると指摘するが、これらの事例は、まさにこうした軍財政の問題がその背景になっているのである。他方、公務を弁理する名の下に兵餉を扣する事実もかなりある。山東登州総兵官黄元驤が「査するに兵丁の苦累、扣剋より重きはなし。而して扣剋の源は皆営中公務を辦理するを指稱して、或いは上司に餽送するに借り、幷びに旗幟を修理するを名と為し、一を指して十を派し、陰かに己れを肥やすを圖る。」と奏しているの[47]が、その例であり、虚糧と並んで兵餉の扣剋が営伍の公務を弁理する名の下になされていたことが知られるのである。空糧と兵餉の減給による得分がこのように公費に充当されず、将官の私服に帰するならば、もはや軍営の公務のために資せられたとは言えないであろう。硃批諭旨を始め軍制関係の史料が、このよう武弁の行為を「虚冒扣剋」なる語で代表し、そが普通名詞的に用いられていたことは、このような兵餉流用行為の普遍化を意味し、また同時に、問題の根本が個々の将領の利欲心を超えたところに内在していることを示していよう。

四

さて将領による冒餉は公費を名目とする他に、第二に胥吏衙役、家丁等の養贍費に名を籍りて行われる例が数多ある。そこで次にこれら武官の私的用人の内容とその経費の支弁について概観してみたい。武官の用人は、奏冊事務に当る書吏、武職衙門の衙役、並びに将領の家中で蓄養せられる家丁の三つに、大凡分類できる。これら武官の用人は、封建国家の公私未分明の機構の中にあって、その軍制上の地位も曖昧模糊たるものであった。従って、それらの養贍費や工食銀も、大体将領の私的な弁理に依存していたといえる。その方法は一つは空糧を以てし、あるいは兵餉を扣剋してその費に充てるものと、他は兵士を直接役使する場合の二つがあり、それらの財源が、ほぼ兵餉をおいて他になかった点において、公費の場合と軌を一にしている。

先ず書吏についてであるが、文職衙門においては、「教職典史」と雖も「吏攢」を有し事務を請負わすことができたが、武職衙門では、経制上、書吏を置くことが全く認められていなかった。もちろん武職といっても、文職を兼ねる督・撫などは胥吏をもつこと言うまでもないが、純然たる武職に至っては、提督、総兵などの大官でも胥吏については明確な立法的措置はとられていないのである。[48] 然るに単に提督衙門が督・撫に次ぐ緑営の統轄官として題奏その他の重要書類作成に人を要するのみならず、総兵・都・守・千・把もまた四季の「兵馬数目造冊往返文移」に人を欠くことができなかった。しかも武職は行伍の出身のため文義を知らぬ者多く、又養廉限りあるによって文官のように幕賓を招くこともできない[49]。とすれば、純然たる武職にしても、やはり、奏銷造冊に人を要するのは論をまたないであろう。事実、武職衙門では、非公式ではあるが書吏がおかれており、各標鎮協営の省城並びに提鎮駐箚地には「提塘」が、又各営には「書識」がおかれ[50]、人を雇って奏冊領餉事務に当らせていた。この他「字識」「書記」「書吏」「稿房人」などとよばれていた[51]。これら武職衙門の胥吏は、兵卒名義で使用され、空名の兵卒の糧餉を与えられたが[52]、武官が書算を知らず書類事務に人を欠きがちだったので書吏に足下を見られ一名の名糧では満足せず、往々にして任意に加給せねばならず、それだけ空糧の原因をつくった[53]。そのため奏銷造冊の事務は書吏の雇充によらないで直接兵士を役使することが多かった。雍正年間の広西提督韓良輔は、この点について同省の提督・総兵・都・守・千・把は、向に俱に食糧兵丁を選択し、兵糧冊籍の繕写に当らせていたと述べている[54]。だがもともと兵卒は「繕写長ずる所にあらず、又分身操練すること能はざる[55]」者である故、兵士の役使は、造冊事務に齟齬をきたすのは固より、兵士としての本来の職務も放置される結果、殆んど虚糧虚兵に等しい損失を軍隊に与える。衙門の書吏設定の以上の二つの便法は、時には併用される場合もあった。例えば提督の如き上級衙門になると、その必要とする執事人役は所属の各営に分担させ、兵卒又は名糧を呈送せしめる。前者はこれに執役を課し、後者は、その費用（名糧）で以て、書吏を募充する如き方法をとっていた。[56] こうして軍隊の空糧のある部分は、書吏撥充によるものであり、且つその影響は下級衙門の方が大であったことが知られるのである。なぜなら、都・守・参等の下級武職に於ては自己の書吏の工食を弁理せねばならないと同時に、このように上級衙門のそれをも斟酌せねばならないからである。

武職が官僚として衙署を構えれば、単に書役のみならず、さまざまのそれに付随する雑役に服する所謂衙役も必要であり、官僚生活の発達に共に、その数が増すのは、また自然の成行であった。文職衙門と同じく武職衙門にも種々の役務があった。兵制関係の史料から少しく摘記すると、伴當、傳宣、旗牌、軍牢、夜不収馬夫、火夫、水夫、轎夫、挑夫、傘扇、吹手、優伶、匠役等々雑多である。[57]

この内、伴當は明中期より江南の士大夫の家で普遍的に蓄養された家内奴隷の一種[58]だが、緑営にあっては「跟随伴當[59]」「親随伴當[60]」といわれる如く武官に跟随して日常の雑役に当る賎役の一つと推定され、多く一般兵士をこれに充てている。また傳宣、旗牌、夜不収等は明代にあっては、それぞれ伝令、旗手密偵としての役を果す、いわぼ戦時兵卒の職務の一つであったと思われるが、この時代にはそうした性格は薄れ、平時にあって専ら武職に跟随して諸雑役に覆する衙役に成り下っている。一方、清朝にあって、武職は法制上からみても、その任用、黜陟、俸給など、すべて文官のそれに擬して定められており[61]、王朝鼎革期は別として文治主義を旨とする官僚制国家にあっては。将領が文官の気風に染まるのを避けることができず、そこに自ら文官におけると同じように衙門や官場の習気が醸成される。とりわけ、清朝の基礎が確立した康熙・雍正朝を経て乾隆朝に至ると、武官の用度は奢侈になり「習安養惰」の風に馴染んでいった。乾隆六年並びに乾隆二十二年の上諭には、外省武官の近頃の好ましくない習俗として、上は提鎮から下は副将・参・遊・都・守などの官に至るまで出征事には馬に乗らず、違例の轎に乗ることが挙げられているが[62]、更に嘉慶四年の上諭には、直隷提督衙門には十八名の輻夫があり、戦兵の充役になることがみえ[63]、また雍正二年の上諭に原任の総兵官閻光煒なる者が優伶を蓄養し唱戯に当らしめていることが挙げられているが[64]、乾隆二十年の上諭には、帝の浙江行幸の際、杭州省城においては、接駕の緑営兵丁に簫管細楽を奏する者があって「弾綵吹竹」する如きは優伶に近しとして[65]兵士の優伶役占の弊が述べられている。このような文官的習気は参劾被罰を恐れると同時に昇任の機会を掴まんとする下級武官が上司に「諂媚し事に因って営求する」諸々の行為によって一層助長される。その代表的なものが言うまでもなく生辰賀喜にことよせての節礼・規礼等の餽送だが、[66] この他着任・離任・営伍査閲の際における下官の上司に対する「迎送供応」行為も逸することができない。例えば、上官が軍隊の査察のため各営を巡査するとき、その経過する営汛は、このための予備公館となり、鋪設供帳して華侈を競いあい、[67] また提督や総兵官が赴任するとき、先ず千・把総が兵役数十名並びに儀従の者を従えて越界して遠仰し、次に守備が兵役百余名を率いて交界する所に迎え、最後に副参遊守等の官やその所轄弁兵は交界する所で迎接するという慣例があるなど、[68] 離・着任を問わず上官の送迎行為は絶えず兵士を営汛外に滞留せしめ、その職務を放置せしめることになった。又このような接待供応行為が用度の華美を生み、兵餉扣剋、兵餉冒領の原因をなした[69] ことは言うを俟たないであろう。かかる将領の官僚としての体面維持に伴う接待や饗応、官僚としての華美な生活には額外の人役や経費を要するのは自明であろう。この内ここで問題になるのは人役であるが、それらは一般より雇募することも稀にはあるが、多くは在営の兵士を私事随帯して役使するのが通例であった。康熙十七年、福建総督姚啓聖は「鎮将各官、多く食餉兵丁を以て伴當、書記、軍牢等の項に充て、陣に臨みて十、七を得ず」と奏し、[70] 雍正十一年の上諭には「将弁等つねに此の名目（営中必需の匠役―引用者注）に借り、水火夫等の人を以て多く名糧を占め、又毎将精壮兵丁を派して親随と為し當差せしめず[71]」とあり、乾隆元年の上諭には「将弁等、属兵内より伴當、旗牌書吏、軍牢、夜不収等の項を挑取して差使せしめ……決して當差せず」[72]とあって食糧兵丁の人役撥充の弊が述べられているが、時代が降るにつれてこの風一層さかんとなり、乾隆四年の河南巡撫雅爾図の疏によると「直隷山西両省派撥兵丁の内、将備毎に皆伴當兵有り、又各色匠役甚だ多し。今訪ね聞くに河南各営も亦此の弊有り」[73]という有様であり、乾隆二十三年の山西巡撫塔永寧の疏では、同省の緑営字識名糧は一千五十余名の多きを数え、又緑営吹手糧四百余名あり、もともと操演号令に供すべきものを平日轅門に充て鼓吹せしめ名糧を虚占し、更に緑営陋習は大小衙門を論ぜず皆傳号値旗等の名目を設有し、甚しきに至っては親随伴當、毎班十数人に至るものがあったという。[74]このような兵士の随帯役使は文官を兼ねる督撫においで特に甚しぐ、彼らは文事に専心し武事を軽視する風強く、[75]配下の標兵を近待させて諸役に駆使し操演や閲兵を捨てて顧みなかった。これら在轅伺侯の兵士は直属の将官より選ばれて送られるもので所属の営の管轄から離れ操演や閲兵には従わず、督撫の近習と化した。[76]

武職の私人には、以上の胥吏、衙役等の吏役の他に、最後に家丁がある。家丁には、金を出して終身の労働、時には子孫の分まで買いとったもので家奴とも言うべきものと、他は先方より進んで投身したもので去就の自由を保留している長随の二種類があるといわれている。[77]これら家丁は、明末の動乱期にあっては、将官の親兵として倭寇の討伐に参加し或いは遼東に出兵して、めざましい働きをなしたことは鈴木正氏の論文に詳述されている。[78] 清代に於ても、そのような実戦にあたって将官の先鋒をつとめる家兵としての性格も依然として色濃くのこっている。とくに緑営の出兵が各省各鎮から乱雑に抽出して混然とした一軍をなすだけで将と兵なじまず、指揮いき届かなかったので[79]、結局、平素身辺にあって生活を共にする家丁を信頼せざるを得ず、実戦は勿論のこと平時においても盗賊追捕などの治安維持の任務や農民一揆などの衙署攻撃に際しては護衛兵として武官に従って率先して戦ったのは家丁である。[80] しかしながら、清代中葉以降に於ては、それにも増して大きな比重をもってくるのは、そのような親兵としての側面よりも将領の官僚化と送迎供応行為の頻繁化にともなって、侍衛、近習としての役割を果すとともに、武職の用人の頭目的存在として彼らを監督するいわば堂官としての側面である。ところでこの時代の将領の蓄養する家丁の数は極めて多く、硃批諭旨に記載されているある提督の家人、長随は三十人であるという[81]し、またもう一人の奏摺には、副・参・遊・守等の武官の蓄養する家丁は大約数十人を下らず、千・把の如き微員でも八口は有する[82]とある。このように将領の蓄養せる家丁が増加すれば、自ら、そこに階層的分化が生じてくるのであって、将官の特別の庇護に与り、信頼を一身に集める家丁は、将官の代理を務めて、所属の営伍の操練閲兵等の重責を担わされ[83]、また武職並びにその衙署に付帯する諸役を監視ないし管理する立場に置かれるものが現われてくる。武官の任用は、文官と異って科挙出身者は余り重きをおかれず行伍出身といって一般兵卒から昇進する道が尊重された。

武官への登竜門は、先ず下級武官として千・把になることだが、その任用は督撫の校抜によったがため[84]、それらの上級武官によって抜擢の恩恵に浴する者に、その侍衛・親兵なる家丁が多かったのも、以上の理由から故なきことではない。雍正五年の上諭に「直省督撫提鎮等、向例千把総、倶に督撫提鎮に由り抜補す、往々その家人長随及び私自力をを効し請託彙縁の人を以て補用す[85]」とあり、また乾隆元年の上諭に「山西将弁、毎に長随を営伍に竄入食糧せしむ。頭目外委千把等の欠出あらば、即ち長随を抜捕す[86]」、とあって外委千把等の小武官の抜補は上官の私人である長随等に占められることが多かったことが指摘されてる。かくして一省の督・撫・提・鎮は督撫の親戚、故旧の他に、旧日の門下、長随、家丁等によって固められる例も珍しくない。雍正年間、四川では、巡撫・提・鎮は、督臣岳鍾瑛の親戚、故旧、長随等で占められ、その一例として建昌鎮臣趙儒は、督臣の父、岳昇竜の長随であり、また彼の弟趙黒子は現督臣の長随であり堂官を称していたことが挙げられている[87]。このようなわけで、家丁は武官の私人の中で重要な地位を占めており、その養育の費は最も厚かった。家丁は文字通り官僚の家中で養育せられる私人であるからして、公的な養育の資など殆ど望むべくもなかったから、その経費は一に武官の私費にまつ他なかった。文官を兼ねる督撫などは、民政官として、種々の得分を有するが、提督以下の武官になると、そういう余裕も少なかったから、この項の経費も、同じく営伍の空糧―架空の兵餉（虚糧）に求めざるを得なかった。康熙三十九年摘発された沅州総兵官張大受の虚冒名糧の中で、公費糧百二十分と並んで親丁糧が百二十分という大きな額に上ったのも[88]、また硃批諭旨の中でしばしば挙げられる営伍の空糧の中に長随糧と称される名糧が多かったのも[89]、こうした事情が背景にあるといえよう。

以上、空糧の第二の使途として書吏、衙役家丁等の用人費に流用されたことを素描したが、ここで、これらの武官の用人費をその支弁のしかたやその性格如何を先の公費と比べるならば、ほぼ問題が相似するのを理解されるであろう。即ちこれら用人費に対しては、康熙四十二年議准の親丁名糧を除いては、国家から特別の恩典を望み得ず、換言すれば、財政的に公的な処理方法が確立されていなかったこと、従ってその経費捻出も公費の場合といささか異って、直接兵士を役使し無償で済ますという便法がある他は空糧の設定と、兵餉の扣剋という道しかのこされていなかったという点で同様な問題を孕んでいる。更にまた、これらの用人は武官の私的任務に服すると共に、他方では、武職衙門に付随する冊籍、奏銷作成等の諸々の公的職務に服すべき、いわば公私両域にまたがる性格を具有する点でも軌を一にするのである。従って、将官が兵餉の横領着服行為に際し、その名目とするのは公費の他にこの用人費であることは言を俟たないであろう。[90]

五

武官により兵餉から流用される所の公費はその淵源を辿ると、徭役に帰着するようである。[91] 明の里長・甲首の職責の一つに上供・公費の出弁があったが、その公費の項目の中にも、校文閲武之賞費、江海兵防など軍関係の公費がみられる。[92] 従って揺役の銀納化以後は、それらの公費は国家の税粮（地丁銀）の中に含まれるはずであった。しかし、税役は一旦、金納化されると、それらは固定的性質をもつものであるからして、軍隊の諸経費の必要部分を充足できなく、その肩代りが兵餉に求められる。従って軍隊に配付される兵餉は実質的には、単に兵士への俸給だけを意味するものでなく、その他国家の負担しえない軍隊諸装備の経費、軍器営房の費、武職ないし武職衙門などで必要とする諸人件費など広範な費目をも内包するものであった。一方、軍隊の構成分子である一般兵士は戦士として機能するのみならず徭役の銀納化に伴う治安、交通、運輸、衙署役務などの不足徭役を担う役夫として武職衙門を基軸に、他の文職衙門をも含む命令系統の下に役務を担わされたのである。と同時にまた、これら兵士を統轄する督・撫・提・鎮などの将領は、兵餉の他項流用、兵士の他任務役使が公的には、禁令となっていたが、軍隊整備・維持のために実質上必要であることを口実に兵餉私服、兵士私役を随意に行うに至った。かかる中国の封建軍隊の矛盾の凝集されたものが、将官による「虚冒扣剋」であり、その尖鋭化が軍隊の暴動即ち「兵変」である。

（社会文化史学会編　社会文化史学九号　一九七三年）

註

1　検木野宣「清代の緑旗兵」（群馬大学紀要二―三）清国行政法　第四巻第二編、中山八郎「緑営」（アジア歴史事典）
2　菊地英夫「中国軍制史研究の基本的視点」（歴史評論二五〇号）波多野善大「民国軍閥の歴史的背景」（「中国中世史研究」所収）
3　高宗実録　巻三四六
4　高宗実録　巻三五八
5　高宗実録　巻四三一
6　魏源「聖武記」巻八、嘉慶寧陝兵變記
7　魏源「聖武記」巻八、康熙武昌兵變記
8　王大司農奏稿　飛報湖廣兵變疏
9　世宗実録　巻三　雍正元年癸卯春正月　乃有不省將弁、不勤訓練、按籍有虚名責效毫實濟、営伍廢弛爲害最大、究

其弊、由於將辮之貪利而廢法、一在冒虚糧而兵無實数、一在剋月糧而兵有怨心

10 郭華野先生疏稿　巻三　特参鎭臣

11 趙恭毅公賸稿　巻二奏疏二　特参虚兵冒餉之弊以粛軍政疏

12 雍正硃批鍮旨第二十冊　雍正三年七月二十九日　江西贛総兵官石雲倬奏

13 藍鼎元「麗州初集」巻七、李弁伝李茂吉本姓江、福建漳浦人也。……〈中略〉……従戎邊省將帥相懶、更兵籍毎召募入伍、則指一空名畀之、以故茂吉姓李

14 皇清奏議巻二十四、趙申喬、核兵額以杜冒餉疏康熙五十一年

15 雍正硃批諭旨第二十冊、雍正五年三月初六日、浙江提督、石雲倬

16 雍正珠硃批鍮旨第五珊、直隷巡撫李維均、雍正二年三月二十三目

17 文宗実録巻七十七、威豊二年十一月庚午、御史周有鑑奏

18 趙弘恩「玉華堂集」両江檄稿巻上雍正十二年

19 註16に同じ

20 註18に同じ

21 註14に同じ

22 湯斌「湯子遺書」巻八江西公繍

23 清國行政法　第一巻下　二六一頁　軍政

24 上官への餽送に充てる節礼や種々の陋規を名目とする空糧は、文官のそれと大体、同様な問題を含み、先学の諸論文に詳記されている。（註32参照）また餽送された陋規等の使途を検討すると、主として以下で述べる公費や用人、家丁養育費に充当されるので、それにまつわる虚冒扣剋の問題も大体相似たものを含んでおり、本論文では省略する。

25 雍正硃論旨第二十三冊、同年三月十六目、袁立相

26 ただしここで扱う公費は後述する一般民政のそれとは区別される。

27 甲冑、弓矢、槍砲、刀斧、矛戟、椎挺、蒙盾、金報、旗帳の諸器物のことをいう（光緒大清会典巻五十二）

28 硃批諭旨第十八冊江西布政使布蘭泰

29 硃批諭旨第十四冊雍正五年十一月十三目署理湖廣提督劉世明前由各営経過、問及軍装作何補修、火藥鉛弾等出自何

項、有云出自公費者、有云出自衆兵攢湊者……

30 例えば、高宗実録、乾隆四十三年十一月戊戌の条に戸部奏、出征金川各省兵丁、製辦衣履銀兩、請於本省未經出師之文武員辦養廉内灘賠、得旨とあり、その他実録、硃批諭旨に類例多い。

31 清国行政法第六巻三十一頁

32 安部健夫「耗羨提解の研究」第二章（東洋史研究十六の四）。岩見宏「雍正時代の公費に関する一考察（東洋史研究十五の四）。藤岡次郎「清朝における地方経費と洲県官の経済生活」（歴史教育十五の四）

33 例えば、硃批諭旨第三十九冊、署理直隷総督事務提督楊鯤の奏摺に査督臣毎年賞官縞兵公出差遣盤費製備火薬紙張轅門人役工食修理営伍助辦地方公事而典史繕書一百餘人之額外飯食口糧尤爲緊要……とあり、総督管下の公費は両者が混在して一体をなしているのが了解される。

34 硃批諭旨第三十五冊、廣東観風整俗使、焦祈年、雍正八年十月初九日

35 同第二十九冊署理河南巡撫印務布政使田文鏡雍正二年十月二十六日

36 同第二十四冊　雍正三年二月初一日　河南河北総兵官紀成斌

37 同第三十九冊　雍正六年二月三日

38 同右　雍正二年三月二十六日

39 総督鄂彌達は所属左翼鎮総兵官が配下の兵卒に任意に勒派せることを糾し次のように奏している。在城各卒衣服新舊不等、勒令三営將弁先捐銀両交中営外衣李欣榮買布、另換毎疋價銀二銭八分、毎兵二名領布三疋做袍二件、毎疋一件如銀四銭八分釐以至五銭三四分不等、勒限両月内月餉扣回、其餘外汛兵丁袍帽勒令千把代製、亦於月餉扣回適値五六両青黄不接、城汛各兵甚属苦累（硃批諭旨第五十一冊、雍正十一年八月二十五日）

40 硃批諭旨　第三十九冊　直隷全省捷督楊鯤（日付なし）

41 硃批諭旨　雍正三年九月二十九日河南巡撫田文鏡

42 硃批諭旨　第二十四冊　雍正三年二月一日

43 硃批諭旨　第二十二冊　雍正五年七月十一日同鎮総兵官任國榮

44 兵丁に自備させるといっても、現実には例えば藩庫などからの借銀を更に貸し与えて自弁させ、俟月餉から月賦の形で扣還させた（高宗実録巻三百二十三、乾隆九年八月）

45 硃批諭旨第十七冊雍正五年

46 硃批諭旨第二十冊雍正五年三月初六日
47 硃批諭旨雍正元年十二月初九日
48 硃批諭旨第十一冊、雍正正元年十二年広西提督韓良輔。もっとも督・撫・提の鎮の各標には兵馬銭糧を司る中軍なるものがあり、それぞれ所属の副将・参将・遊撃を以てこの任に充てているがその職務は「中軍一官原爲傳宣、軍令參贊兵機而設兼有分統標下兵馬之任」（魏象樞・寒松堂集巻二）とあるように、これらの衙門に親族や奴僕が出入し、属員と接見するのを禁止する建前から稽察、伝令に供するため、おかれたもので（光緒大清会典事例、巻九十六）併せて標下の軍財政を総理するが、直接執務の任にあたる官ではない。
49 皇清奏議奏三十七　敬籌楚省営制疏　乾隆六年　那蘇圖
50 光緒大清会典事例　巻七百十五　兵部兵籍經制営兵、原為分防巡守、豈可籍端冒占、今各標協営於省會及提鎮駐紮地方、各設提塘、毎名給糧一二三不等、又各営設有書識、毎名給銀一二三分不等均属冒濫。
51 聖祖実録巻七十五、康熙十七年七月戊午、硃批諭旨、雍正十年五月二十七日楊永斌、同雍正六年四月十六日石雲倬等
52 聖祖実録、康熙五十五年八月庚辰、直隷各省提督総兵官以下千把総以上、皆有空糧、一年之内、将兵丁馬匹数目四季造冊報部、必有所費、武官無書史、人造冊、俱將空糧與之。
53 註49に同じ
54 硃批諭旨第十一冊、雍正元年十二月初三日
55 右に同じ
56 聖祖実録、巻二百四十、康熙四十八年十一月甲申、巡撫趙申喬に営伍空欠をなしたかどで参劾された湖廣提督兪益謨の弁明に提督衙門例有執事人役、向無額設、亦無工食、臣倣督撫衙門衙役工食、取給各州縣之例、分派各営、令其呈送、如各営將人餉並送者、則臣各派職役、若但將名糧呈送者、臣即募充、其餘賸之餉以爲操演賞賚各公費之需、並無分毫扣剋。とある。
57 例えば鉄匠、木匠、弓箭匠、裁縫、獣醫、毛皮匠等の匠役があった。（高宗実録巻二百五十三乾隆十年十一月、雲南総督兼管巡撫事　張允随奏
58 寺田隆信「雍正帝の賎民開放令について」（東洋史研究十八の三）
59 高宗実録巻五百六十二、乾隆二十三年四月丙子

60 殊批諭旨第四十八冊、雍正五年十月十七日貴州按察使赫勝額
61 清国行政法第一巻第三編官吏法
62 光緒大清会典事例巻六百二十二
63 右に同じ
64 中枢政考巻十三禁令、禁止官員蓄養優伶
65 註62に同じ
66 中枢政考巻二十営、召募餘丁認眞選擇嘉慶五年八月外省属員迎基層餽送最爲州縣陋習、節経降旨嚴行飭禁而緑営亦往往效尤、印如上司到任三日内所属爲之備辯、供應家人亦多方勒索、及至生辰賀喜等事、属員皆致送禮物、或索取土儀
67 右に同じ
68 光緒大清会典事例巻五百七十八　雍正十三年上諭
69 皇朝経世文編巻七十　壽昌化営汎派兵制議　陶元軍
軍中交際不貲、用度奢侈、上自帥府執事、下至汎目管隊、凡有公私雑費、無不派之於兵、医医月給之餉所餘幾何。

…若如白沙之兵、無籍相聚、則近日之變生矣。
70 龔端毅公奏疏巻七、省査點虚文以恤兵安民疏
今各庭督提並設、倶有統兵之責、毎年各査點兩時、則是一年四次矣、差官一到、有打點之陋例、有迎送之煩文、有人馬供應之浮費……此等將煩費途一扣除、餉安得不匱、兵安得不窮、兵既窮矣。……
71 世宗実録雍正十一年二月庚申
……遇有過往應酬及営中雑費、仍灘派兵丁、而不恤其艱苦。……
72 聖祖実録巻七十五　康熙十七年七月戊午
73 世宗実録巻百二十八　雍正十一年二月庚申
74 高宗実録巻十　乾隆元年正月丁未丁丑
75 高宗実録巻百六　乾隆四年十二月丁丑
高宗実録巻五百六十一　乾隆二十三年四月丙子
高宗実録巻百四十六　乾隆六年七月庚午

76 硃批諭旨第三十四冊　雍正六年正月二十二日四川巡撫憲徳
撫署雑役人等、歴係本標両営兵丁撥充此等人役名雖兵籍、身隷公門祇知食糧領餉並不差操
硃批諭旨第五十一冊　雍正十三年五月十五日安慶巡撫趙國麟
臣衙門設有各項效用人役、共八十餘名内有馬兵撥充者三十七名、歩戦兵撥充者十七名、守兵撥充者十一名、倶係兩営將官選送在轅伺候差遣、遂不隷営管轄、亦不随営操演、歴任相沿已久
77 宮崎市定「清代の胥吏と幕友」（東洋史研究十六の四）
78 鈴木正「明代家丁考」（史観第三十七冊）、同「明代家兵考」（史観22・23合併号）
79 羅爾綱「湘軍新志」
80 硃殊批諭旨第六冊　雍正三年十月初六日福建巡撫毛文銓
81 硃殊批諭旨第二十三冊　雍正元年十一月六日湖廣提督魏経國
82 同第三十二冊　雍正八年二月一日河東総督田文鏡
83 同第五十一冊　廣東総督張薄
84 清国行政法第一巻第三編、武官の任用
85 世宗実録　雍正五年二月庚申
86 高宗実録巻十　乾隆元年正月丁未
87 硃批諭旨第三十七冊　雍正五年正月十二日四川布政使佛喜
88 註10に同じ
89 原任貴州威寧鎮総兵麦世位在威寧鎮時私占長随糧四十名（硃批諭旨第四十五冊　雲貴総督高其倬奏）今紹州総兵官名下除親丁之外多食糧十二分、詢厥所由謂前任総兵皆家口長随衆多、故奮有長随糧十二分、途致標下十三営將備各於應食糧親丁之外亦皆多食長随糧二三分上行下效習爲故常（殊批諭旨第四十五冊　廣東紹州総兵官李万倉）
90 かかる将領による兵餉の冒占に対して、清朝のとった対策は、冒餉の名目となる公費や用人費に対して、最少限必要な経費を認め、その財源は、空糧を以て充てることとし、その限度以上の冒餉を統制整理することであった。即ち康熙四十二年の議准により、先ず武官の家丁僕従などの用人費に手がうたれ、提督八十分、総兵六十分、副将三十分、以下参、遊、都、守、千、把それぞれ二十、十五、十、八、五、四分と各官職に応じ名糧が公認され、家口僕従の養育費とし、この他如何なる私自使令の人をも兵額に混充することを厳禁した。この公認された用人糧を親

丁名糧とよぶ。（光緒大清会典事例巻七百十五　緑営随糧）次の雍正時代には用人費と並んで冒餉の名目となっていた公費にも上から規制を与え、百名につき二名の空糧を公認し、これをこれを以て営中公費となすことを定め、それを越えた分の名糧の整理を図った（同前、攤扣兵餉雍正十年議准）。乾隆時代に至ると、国庫潤沢なるのを背景に、軍隊の必要経費とくに人件費を国庫から支出し、冒餉の口実を絶たんとする。即ち同四十六年、文員と同じく武職にも養廉銀を支出することによって、名実共に親丁名糧を廃し名糧はその実額を挑補することとなった（高宗実録乾隆四十六年十二月丙戌）。また公費の中で兵士の賞卹・紅白の費だけは国庫で負担することになり、同四十七年から正項銀より支給されるようになる。（同前、乾隆四十六年九月丙辰）しかしながら、以上の康熙から乾隆期に至る虚冒扣剋に対する王朝の刷新策も将領の兵餉私費化を抑えることには成功しなかった。用人費や公費が一端、親丁名糧或いは公費名糧として公認されると、それらは正項的性質を具有するようになり、将領得分の私的部分と軍隊の経常費としての公的部分の両面を有していた名糧の中から、その不分明を利用しての私服の余地がそれだけ少なくなるからである。まして、これが正項銀より支出されるとなるとその可能性が全くなくなるわけで、今度は改めて額定の公費名糧や親丁名糧あるいは養廉銀の肩代りとして別口の私派私服を求めて、これまでにも増す冒餉を強化するに至った。

91　岩見宏前掲論文

92　山岸幸夫「明代徭役制度の展開」第一章第三節里甲正役

第二章

緑営軍と勇軍

阿片戦争以後の中国近代史にあって、従来民衆闘争史は、かなり明らかにされてきたがこれと対決し封殺にあたった清朝国家権力の構造については、殆んど研究がなされていない。とりわけ清朝中期以降、太平天国の興起に至るまで、主として民衆闘争の鎮圧に駆使された緑営軍の兵士は、その出身階層は同じ農村の貧農層や遊民層であり、また半植民地半封建社会の形成過程に於て析出される半フロ・遊民層を吸収したのが軍隊であることなどからしても、清朝正規軍＝緑営軍の研究は社会史的に重要である。

一

先ず、国家の軍隊として緑営軍が、王朝の八旗軍に比し、いかなる任務を与えられ、国家防衛の、主として、どのような機能を負わされたかについて見ていきたい。

周知の如く、緑営軍は、明末の潰兵を整理改編したものであるが、国初は清朝の親衛軍たる八旗の補助軍として、実戦には徴されず専ら警察的任務に駆使された。三藩の乱後、清朝中期に至って、漸く八旗の監督下に実戦に起用され、[1]以後太平天国の勃興による勇兵の募集に至るまで、ほぼ王朝の基幹戦闘力として維持されたが、やはり王朝が緑営軍に主として負わしめたのは、郷村の治安維持の任務であり、警察隊としての役割であった。

ところで、郷村の治安維持は、従来、村落の自治機能の一部として、里甲制に附随してあったが[2]、明中期以降の里甲制の解体、一条鞭法から地丁銀への賦役制の改革の中で、消滅ないし村落自治の里甲制よりの遊離を招来し[3]、これに代って、清朝は郷約、保甲制を奨励したが、徴税機構から切離されたため、実効性を欠き、郷村の治安維持には空隙が多かった。ここに至って、その分だけ漢人の傭兵が、その補完的機能を負わされ、警察的任務を強化された。もっとも、治安維持は、本来文官の職務であり、府の知府以下同知、通判、司獄、州の知州、州判、吏目、巡検、県の知県、県丞、典吏、巡検等の府州県官の職務に捕盗などの諸般の治安維持が包含されており捕盗などに際しては、民壮、捕快、馬快、などを役使して、それに当るはずであった。緑営兵は原則として衆を聚めて官に抵抗するような大盗の追拏に当り、その他の小盗は捕役人などの任務であった[4]。しかるに・文官の職務繁にして知県の如きは「銭穀刑名を司り、多くは親身分往する能はず、村鎮稽査未だ手を吏役に假るを免れ得ない[5]」ものがあったが、その手足となるべき捕役は至って少なく、巡検典史の如きは、その捕役は僅かに賭博酗酒を治すに足るのみであったという[6]。のみならず、その捕投にしても、民壮は清代には衙役化し、捕盗よくなし得る所ではなかったし[7]、また捕快・馬快などにしても、経制企書には載せられず、工食給せられない不安定な身分であったので、市井の無頼で占められ、州県衙門の雑役に服し、用をなさなかった。[8]ここに至って郷村の治安・公安の維持は一に国家の軍隊の双肩にかかる。緑営軍団の最小単位は営であり、「百里營あり。十里汛あり。[9]」といわれるように、大体百里ごとに営が設置され、参将、遊撃、都司、守備等の統属下におかれ、そこからの分遣隊が各県内の巡防にあたるべく、各汛に配置されていた。また汛より小規模の塘がある場合もあった。これら塘汛は十里ごとに置かれ、平均して十名前後の兵が巡守にあたるという如く、緑営の営汛は各府州県の至る所に置かれ、各城市郷村に隈なく常駐して治安維持に任じていた。八旗が各省城に駐防し、兵力を集中させていたのに対し、緑営はこのように各郷村に散在し兵力を分散させており、[10]合同演習することも不可能な状況に置かれていた。このことは、緑営が「立法の始め、但だ分防を以て重きを爲し、合操を以て主と爲さず[11]」といわれ、「立設の初めにあって、もともと耳目既に近く稽察周り易しと為す。一たび嘯聚あらば、即ち囲捕すべし、然れども多き者敷百人に過ぎず、少き者或いは十餘人、逐捕尚或いは餘りあり。禦寇實形足らず[12]」と述べられてるように、元来、警察的治安任務を中心に編成され、郷村単位の小盗を防ぐには余りある人数であったが、数郷にまたがる内乱には力足りなく、軍隊的機能に重きを置いたものではなかったことを意味している。

緑営兵はこのように郷村の至る所に配置され、城池・監獄の協守、盗賊の査拏、人犯の逓解、糧餉の護送[13]等の警察的任務に駆使されたが、それのみならず他にさまざまの武職衙門の雑役を消化せねばならなかった。即ち、営中公文の伝送を初めとして、造冊糧餉事務に当る胥吏の仕事、或いは伴當、轎夫、水夫、吹手等として武官に跟随して雑役に使役された[14]。兵士が営中公文の伝送にあたる例は、雍正六年、一時の権宜で行われたことが、遂に定例となって、武職衙門の公文は汛兵が逓送することとなり、その結果、元来、舗司が公文の逓送のために置かれているのだが、その任務は専ら文官の公文だけ扱うこととなった。ために各塘汛の兵は皆公文の絡繹、逓送に動員され、一兵もいないという事態さえ招くに至る[15]。兵士が、このように衙門の雑役に盛んに使役されたのは、やはり明中期以降、進行する貨幣経済の進展による賦役の銀納化、それに代る雑役の雇募体制が、貨幣経済に対応できない封建財政の硬直性によって円滑に機能せず、その身代りとして兵卒の使役へと向ったのであろう。さらにまた、将領の文官化と兵卒の雑役とは密接な関係がある。康熙を過ぎて、雍正・乾隆時代になると、武官も泰平に慣れ、官僚化し、文官的官場の習気に染まっていき、専ら昇進に浮身を費やし、上官への規礼、節礼は勿論のこと、上官の着任、離任、営伍査閲の際に於ける「迎送・供應行爲」に力を注ぎ、用度は華美になり、轎を用い優伶を蓄養するなど将領の文官化が著しくなるが、それに伴い武官の近習として、兵卒がさまざまの役に使われる度合も大きくなった。[16] 咸豊九年、革職された湖南水州鎮総兵官樊燮の例についてみると、違例の肩輿に乗座し、陛見の際、私役弁兵三十余名の多きに至った。更に総兵衙門内に供差の兵丁は、上下二班に分け、均しく在城三営に割り当て五日で一巡の割合で、伴當、旗牌、傅號、管班等の各項の雑用に充当せる兵卒は百六十名に及んだ。その他厨役、裁縫、剃頭、茶水火夫、花児匠泥水匠等があり、何れも額兵を冒充したものであったという。[17] これは氷山の一角で、以て将領の文官化と兵卒使役の一端が窺われる。

以上、緑営兵は広範な塘汛に散在し、郷村の治安警察任務に従事し、又将官の文官化に伴ない、種々の術門雑役に駆使され、合同演習は殆ど行われず、国家の軍隊としての機能に著しく欠けるものがあったことが了解されよう。ところで、こうした軍隊の機能の変化の背景には、既述した明中期以降の社会経済の変化が基底に於て関係しているが、その他、緑営が明の旧制軍隊を接収・存置したまま再編成されたもので、何ら改革は加えられておらず、明中期以降の募兵制の軍隊の弊風を継承していることと、征服王朝としての清朝が、漢人軍隊の強大化を恐れ、八旗軍の補助軍としての役割しか緑営に与えなかったことなど、清朝の対漢民族統治策の一環に緑営軍制もくみこまれていたことが、大いに関係していると思われる。

二

次に緑営兵の生活の態様とその出身階層について瞥見してみたい。

緑営兵の月餉は月給銀と月支米の二種あって、何れも少額であった。前者は馬兵二両、馬乾一両、歩戦兵は一両五銭、城守兵は一両であり、後者は馬・歩・守兵共に三斗で[18]、この額は国初制定されて以来清末まで変化なかった。兵卒はこれだけの餉銀で、日用の疏菜、夏冬の衣服の購入、武器や馬の手入れに充てねばならず、一人の身を保つのが精々で、父母妻子を養うことは不可能であった[19]。しかも三斗の月支米は間々折色で給せられ、現物購入に際し、米価の変動に晒され生活に窮した[20]。左宗棠によれば、当時兵の月餉は一人十日分の食糧にしか当らなかったという[21]。さらに、その僅かな月餉もしばしば将官による扣剋を受け、又さまざまな軍営の経費に充てるため控除された[22]。従って、このように僅かな月餉では生計維持困難で、兵卒の多くは別に副業を求め、農業や商業を兼業し家計の補填とした。というより寧ろ貧農層が家計補助のために仮に軍営に籍をおいていたという方が当っていよう。即ち「市井の人、多く名を冊籍に挂け、小貿傭工を以て本業と爲し、餘暇を以て差操に應ず[23]」とか「本標兵丁を僕隷廝養の役に充てしめ、或いは手藝を兼習、在署傭工せしめ、而して訓練操演転じて具文と爲す[24]」或いは「各兵多く別業を兼習し並びに民人地畝を地種し以て養生を圖る者あり[25]」などと述べられているように、兵卒の多くは兼業で、或いは佃戸ないし傭工として農耕に従事し、或いは小規模な店舗を営み、手内職に従事するなど農村の貧農層を構成していたと思われる。緑営兵はこのように兼業であったので、「緑營兵丁類、他業を兼ね、以てその家を贍らしむ。朝夕在營差操せしめ外出を准さざれば、謀生資なし[26]」とあって演習もこれに妨げとならないよう将官も配慮せざるを得ないほどであった。従って緑営軍の各営にあっては、既述したように将官の命令下に衙門で雑役に服する者、郷村の治安維持のため各塘汛に派遣される者の他に、生計維持のため副業に従事し、籍だけを営においてある兵が相当数あって、現実に在営し演習に参加する兵は少なかった[27]。台湾の班兵の例であるが、私自暇を請い別に生理を営み、汛防汛地に居ない者が三割、また伴當、四行等の雑役に服し汛を去る者一割、在営はその余の僅かに六割であったという[28]。ところで緑営の演習は「鎗手の演習空鎗を放つに止まり、鉛弾を装入して打把せず[29]」「毎月の三回の演習、教場で各兵數鎗を放つに過ぎず、数箭を射れば輙ち家に歸り、天候悪ければ出操せず[30]」、といった風に全く形式的なものになっていたが、この背景には、武官の交代が頻繁で演習の定式がなかったこと、士卒が怠惰になっていたこともあるが、より根本的には、緑営兵の身分、生計が不安定で、副業に専念し、演習の暇をもてなかったことによる[31]。演習は春秋両操の法があるが殆ど具文化していた[32]。そこで例えば、演習の日程も兵卒の副業専念の便宜を図って、毎月一、四、七の日は弓箭を、二、五、八の日は鳥鎗を、三、六、九は藤牌雑技を操練し、十の日だけ合同演習に当らせ、各兵輪操九回、合操三回の合計十二日の訓練だけで済ませ、「生計を兼営」するのを認めた武官もあった[33]。平常の演習からして、このように留滞していたから、動員ともなれば、一層、遅滞を極め「偶々調遣あらば、或いは鍋帳を製造し、或いは器械を整理し、或いは家口を安頓せしめ、或いは頂替を雇倩す。数日にあらざれば、行軍を成す能はず[34]」とあるように、武器軍装の手配、家族の生活保障、出陣して戦闘に当る代人の確保などで、軍の編成に数日を要した。太平天国の乱以後、緑営兵の起用をやめて、勇軍に代行させた背景には、緑営兵が、このように「倉卒として變に應ずるに堪へず[35]」という事情があったことを忘れてはならない。

緑営の兵士の出身階層は、このように兼業可能な貧農層が多かったが、その他もう一つの階層として農村や都市の遊民・無頼などのルンペン・プロ層もかなりの程度を占めていた。ところで、これら遊民層が兵卒に紛れ込んでくるのは、兵卒抜補の法が乱れていたからである。もともと緑営兵卒の考抜は、人材強壮で技芸に習熟した者を採用することを原則としていた。その順序は、馬兵は歩戦兵から、歩戦兵は守兵から、守兵は余丁から抜補し、余丁なきとき始めて一般から募ることを定例としていた。[36] また兵丁の採用にあたっては、督撫提鎮の本標並びにその近接の営は、該管轄官が直接考抜にあたり、その他の営は副将参将が合同で行うが、後、督撫提鎮の巡察時に再点検されることになっていた。[37] しかるに、将官は兵卒の選募にあたっては、機械的に員数を揃えるだけで事足れりとして、人材技量を問わなかった。[38] その結果、往々外来無籍の者や別営を革退された者を改めて採用したり、[39] 或いは偶々選んでも、専ら上官への応対雑用に関して「應對熟燗し、趨鎗便捷」なる者をとった。[40] 従って兵丁の子弟でも採用に与からず、余丁の中で勇健にして質樸なる者があっても棄てて顧みなかった。[41] 余丁から採用するにしても、それは決して兵丁の子弟ではなく、現役の兵丁が若干の手数料を得て「引進せる市井の室家のない遊手の人」[42] であったりした。兵丁の家族を採用する場合でも、特定の兵卒の家族・同族親戚が互に相援引し兵籍を独占したので勇壮な人少なく、老弱無能の兵が多かった。[43] そして一たび採用されれば、胥吏の欠あれば、主子孫相承けるように世襲されたため、老弱で技勇生疎なる者頗る多かった。[44] こうして緑営将官は、兵額を募補するにあたり、認真挑選せず、率ね市井遊惰の徒を以て数を満たしたので、緑営軍団は、無頼、遊民、ルンペン・プロ層をプールする失業救済的国家機関たる観を呈するに至った。彼らは、緑営兵が盗賊追捕の任にあるのを利し、官兵たるを笠にきて、盗賊より賄賂をとって見逃し或いは逆に盗賊の名を借りて、村民を脅迫して、重賄を索め、拒否すれば竊夥と称して放火したり[45]、或いは市集を把持し・什物を強買し或いは馬匹を放牧して、田禾を践食するなど至らざる所なかった[46]。これに対し兵卒を監督するべき立場にある営将は、弁兵の規費を利して黙認し、弁兵は営将を恃んで護符となし[47]、互に包庇した。その他兵卒は吸食阿片、賭場の聚開を事とし、茶坊の聚会、殆んど虚日なく、煙館の開設は半ば営兵であったという[48]。農村の遊民・ルンペンが軍営に好んで投籍したのは、僅かの兵餉が目的ではなく、このように緑営兵が農村の治安維持の重要な職責にあるのを利し、又官軍の権威をバックに不正の役得を稼がんためであった。緑営の兵が多く、頂名・虚名の兵であり[49]、上司の監察を容易に逃れ得る身分にあったことは、彼らの不正稼業を保証するものであった。これら営に籍をおく棍徒的兵卒を陰で操り、民衆と官の間にあって、不法の利を稼ぐ無頼侠徒の頭目には、以前には士官級の将領であったが、軍政期などに、事に因って革退された旧武弁が多かった。文官ならば昇任や革職により直ちに任所を離れるのが普通だが、武官は廢弁後も、そのまま旧任地に留まり、家丁を駆使し在郷の遊民・兵卒を組織し、塩侠、盗賊などの頭目として郷村に重きをなした。蓋し彼らは、在任中から家丁、馬匹、弓甲器械を蓄えており、久しく営伍に列し、武職上司衙門は、往来習熟しており、挙動言語は以て地方を煽惑するものに足るものであったから、無頼集団の組織化はたやすいことであった[50]。

三

さて以上のような清朝の封建軍隊の体質は、太平天国以後に正規軍に代って活躍する勇軍に於ても、基本的に継承されたとみてよい。在郷、帰郷の紳士階級の組織する楚勇・湘勇・淮勇などの勇兵が官軍の補助的軍隊から正規軍的位置を占めるようになった嚆矢は、曽國藩の組織した湘勇の起用からであるが、湘勇の成功は、緑営の欠陥をある程度克服し、有機的な軍隊組織を編成すべく努力したからである。緑営は「官は選補により、兵は皆土着、兵は弁の自ら招く所に非ず[51]」とある如く、将宮は中央の皇帝や兵部、地方の督撫などの選補によるもので、一方兵士は多く兼業可能な条件から土着の兵であった為、相互に馴染まず「傳舎の官を以て世業の兵を馭す)[52]」と評された。また徴兵は各地に散在する塘汛の兵から行われ、「徴調あらば、東一名抽し、西一隊を撥す[53]」るのであり、又「一旦征調するに及び、往々各墩汛より零星抽撥す。兵と兵相知らず、兵と将相識らず、陣伍散漫・心志猜離す[54]」とあるように、各標、各塘汛より混然と徴発して俄づくりの混成の一部隊を編成するのが常で、平素合同演習もないばらばらの兵であったものが、いきなり戦闘に駆り立てられても、兵士同志馴染まず、将兵の意志相通ぜず、烏合の衆にすぎないという欠陥をもっていた。湘軍はこれに対し、指揮官の選募に力点がおかれ、指揮官の責任に於て下官を選ぶという方式がとられ、総帥が統領を選び、統領が営官を選び、以下営官が百長を、百長が什長を什長が兵士をという如く順次上から下へ自分が統率する者を組織し一軍を形成した[55]。又住所、親属、姓名の確実なものを採用するため保証書をとり、父母兄弟妻子の姓名、指紋を明記させた台帳を作成し、営にあっては営官、回籍すれば地方官の監督統制下におかれた[56]。将官と兵士は、緑営にあっては官僚的人為的に結ばれる関係であったため「上下統属の名ありと雖も、情離れ意隔たる」[57]であったのに対し、勇兵は人格的に結ばれ、将卒親睦し、上下が一体となって患難相顧みる組織になっていた[58]。しかしながら、この湘勇が対太平天国攻防戦に功績を顕わすや、各省で踵を接して郷勇の召募行われ「彊場の間、勇、兵より多し。湖南の勇も又常に十の七八を占め」[59]各省督撫、湖南勇丁の有能なるをきき、紛々として委員前来して招募にあたった[60]。その結果としておこる勇兵の乱造は、初期、湘勇に於て具有していた郷勇の特色を急速に消失させ緑営と同じ轍を踏ませるに至った。勇軍の募兵の特色は上級の統率宮が責任を以て下級の統率官を選ぶ所にあるが、統率官に人を得なければ、従来の緑営の招募と同じ結果を生ずる。事実、湖南巡撫毛鴻賓が奏してるように、岳州で募兵に当った副将勝嗣林などは、招募に際し来歴を問わず、技芸を看ず、保結を取らず、ただ五百人を募ると自称する者に営官の札委を与え、又能く百人を募る者に百長の札委を与えるというような杜撰さであった。[61] それは募勇に急な余り、募勇を委ねる所の者にその人を得ないからで、委ねる所の帯勇員弁、多くは軍営で屏棄不用の者か、既に参革された武官であって「虚冒勇数、開銷餉銀、捏報勝仗、鑽営保擧」しか知らない類のものであった。従って募る所の兵は市井の伶俐狡猾の輩か遊手無頼の徒であったという。[62] 又遊手亡命の徒が好んで投身入営し、勢を侍んで横行なさざる所なく、[63] 勇軍駐屯の所、常に遊手数千これに従っていき、長夫に仮充し、余丁に仮冒して街中に紛れ込み盗みを働くなど勇軍は無頼遊民の拠点となっていた。[64] 曽国藩は、このような勇軍の現状に鑑み、又勇丁の兵餉が莫大に上り、軍餉の欠乏から、同治三年金陵陥落するや、直ちに南京の湘勇五万の内その半ばの二万五千余人を解散させている。[65] 朝廷も各省督撫に勇軍の解散を命じている。以後各省に於て勇軍の解散が続々行われるが、勇軍解散の理由には、勇丁の腐敗の他、軍餉が財政を圧迫したこともからんでいた。勇軍は、あくまでも臨時雇募の兵で、緑営兵が経制兵として依然として存続している上に、新たに設けられた兵なので、正規の地丁銀の予算項目からは支出できず、善後局などを設け、釐金や捐銀など臨時の資金を頼りとする外なく財政的に不安定であった。[66] 従って勇軍の解散は必至の勢であったが、さればといって、簡単に全廃という政策はうち出せなかった。それは郷勇の解散は無頼遊民を大量に生み出し、新たに社会不安を醸成するにすぎなかったからであった。[67] ここに於て勇丁を裁く議がなされる一方、勇を改め兵と為せという議論が盛んに行われて[68]、容易に事態は進展しなかった。勇営存続の議論の背景には「外人、逼処臥榻、虎視眈眈、……〈中略〉……一日として備えを忘るべからず。而して西路己に粛清せると雖も善後なお遽かに了とし難し。又中原の用兵日に久しく伏莽なお多し。[69]」とある如く、緑営兵が力とならなくなった今日、清朝の国家権力を帝国主義勢力と国内に於ける革命勢力の攻撃から防衛するためには、なお勇兵の力にまつ所大であったことと、より重要な点として、清朝の軍営が半植民地半封建社会化の過程にあった郷村より析出される遊民や半プロ層をプールする重要な拠点になっており、彼らを解雇することは、重大な社会不安につながり、農村の革命勢力を利するに過ぎないという杞憂があったからであった。たとい彼らが官兵化すると共に緑営兵と同じく雑役夫化し、捕蝗、挑河築圩などにしか役の立たなくなったとしても[70]、その方が体制維持のため安全であった。災害などで多くの無頼遊民発生の恐れのある場合などは、災民を招募して郷勇に編成し賑銀を以て勇糧に充て[71]、軍営に吸収することによって、これを未然に防こうとしたのも、そうした政策からきたものであろう。かくして緑営もその後の勇兵も、軍隊を足場に国家財政に寄生し、軍営に籍を置くだけで、軍隊は貧農や遊民層の副業的収入を得る機関と化しつつあり、一方、国家としても反体制運動へ向う民衆のエネルギーを少しでも緩和させる意味で、これを黙認したと思われる。その結果、清末の緑営に於ては、その名糧は、凡そ四割が老弱孤寡の坐食になり、四割が他人へ転売され利息を生み、一割が武官の中飽に係り、徴兵あるや、代理人を雇って糊塗したという[72]。また緑営を選別再編成したとされる練軍に於ても、兵卒は演習による離郷を好まず在地に留まり、他処での演習には、練営附近の人を雇って点呼と演習に応じさせて練餉を分ち与えた。しかし一たび遠征になれば、その雇人も動員に肯ぜず、また転じて乞食や窮民を代理兵として雇わざるを得なかった。こうして兵は一人だが、人はその間、三回変ったという[73]。以て旧中国に於ける軍隊の社会的役割の一面がうかがわれよう。

（木村正雄先生退官記念東洋史論叢　一九六七年）

註

1 楢木野宣「清代の緑旗兵」『群馬大学紀要』人文科学編第二巻第三号。
2 酒井忠夫「明代前中期の保甲制について」『清水博士追討記念東洋史論叢』。
3 『支那地方自治発達史』第6節。
4 楢木野宣「清代に於ける城市郷村の治安維持について」『史潮』四十九号。
5 『雍正殊批諭旨』第四十冊浙江巡撫李衛。
6 王璽「擬除盗賊策」盛康編『皇朝経世文続編』巻八〇兵政六保甲。
7 佐伯富「明清時代の民壮について」『東洋史研究』第十五巻第四号。
8 『皇朝文献通考』巻二十一職役考一。

9 『毛尚書奏稿』巻十六「敬陳額兵流弊片」。
10 『張靖達公雑著』戊寅年召對恭紀。
11 『馬端敏公奏議』巻八　酌調額兵添給津貼立營操演摺。
12 註9に同じ。
13 龍汝森「整頓營務議」葛士濬編『皇朝経世文続編巻六十二兵政一。
14 拙稿「清朝の軍隊と兵変の背景」『社会文化史学』九号。
15 『雍正株批諭旨』勵宗萬　雍正九年正月二十一日。
16 註14に同じ。
17 『駱文忠公奏議』湘中稿「査明已革総兵劣蹟有抝請提省究辯摺」。
18 『光緒大清會典事例』巻二五五　各省兵餉。
19 『清實録』　順治十六年八月庚戌　戸部左侍郎林起竜奏。
20 高郵『奏疏稿略』陳山西事宜疏。
21 『皇朝政典類纂』巻三二五　兵三兵制。閲漸會會総督左宗棠奏
22 註14に同じ。
23 註21に同じ。
24 『光緒大清會典事例』巻六三九　嘉慶九年諭。
25 高郵『奏疏稿略』陳山西事宜疏　雍正十三年。
26 『譚文勤公奏稿』巻七　周歴海口籌弁防務情形摺。
27 緑営積習最深、……一在書籍、號令、看管軍装、軍火、分撥塘汛、不能入操之兵太多（光緒元年正月二十九日総理各国事務衙門変訴等照録、陳甘総督左宗棠覆函。
28 銚瑩『東溟文集』巻四　上孔兵備論辯賊事宜書。
29 『清實録』雍正七年閏七月乙亥。
30 『雍正殊批諭旨』第六冊　貴州巡撫毛文銓　雍正二年五月二九日。
31 註24に同じ。
32 註19に同じ。

33 孫玉庭『延釐堂集』實力訓練兵丁責成将弁身先董率疏　道光二年。
34 卞寶第　謹陳酌改營制籍節餉需見疏　葛士濬編『皇朝経世文続編』巻六十四
35 同右
36 『大清會典事例』巻六七　兵部兵籍。
37 余丁は、予備兵で、兵卒の子弟を以て充て、営中の清出火糧で養われた。これは、本兵の家に生まれ、或いは、これに親近せるを以て自然に、その技芸を覚え、訓練を行い易いという趣旨からであった。(『清国行政法』第四巻第二編第二章第二節第一『嘉慶大清會典事例』巻五〇二)。
38 同右。
39 『消實錬』雍正九年十月丁未。
40 『清實録』乾隆三十二年十二月己丑。
41 『清實録』雍正十三年三月甲午。
42 同右。
43 『清實録』乾隆十年十月丁卯。
44 註38に同じ。
45 『雍正殊批諭旨』第十七冊　浙江観風整俗使王國棟　雍正五年。
46 『曽文正公奏稿』巻一　備陳民間疾苦疏。
47 『尹少宰公遺書』巻一　整理營伍四事。
48 『沈文粛公政書』巻五　請改臺地營制摺。
49 『丁文誠公遺集』巻十三　瀝陳川省敗壊情形設法整頓摺。
50 註14に同じ。
51 『清實録』雍正五年十一月甲子。
52 張惟赤奏疏　謹題爲懇査斥弁留駐地方勒帰原籍以靖盜源事。
53 『張文裏公奏議』巻五十三　遵旨籌議變法謹擬整頓中法十二条摺。
同右。
註9に同じ。

54 註13に同じ。
55 王安定『湘軍記』巻二十。
56 『曾文正公雑著』招募之規。
57 『駱文忠公奏議』援軍將領濫収游勇債事請旨革訊摺。
58 『毛尚書奏稿』巻十六　敬陳額兵流弊片。
59 板野良吉「湘軍の性格をめぐって」『静岡大教育学部研究報告』人文社会科学二一。
60 『毛尚書奏稿』巻四　縷陳招勇流弊摺。
61 同右。
62 同右。
63 『駱文忠公奏議』安徽李藩司所部濫招遊游勇據實陳明片。
64 註59に同じ。
65 『曾文正公奏稿』巻一　厳辮土匪以靖地方摺駱文忠公奏議　援軍將領濫収游勇債事請旨革訊摺。
66 『曾文正公奏稿』巻三　近日軍情擬裁撤湘勇片。
67 『劉秉璋奏議』巻三　奏覆裁勇節餉無可報解疏、丁日昌『撫呉公牘』巻二九。
68 佐伯富「清代同治朝における郷勇の撤廃問題」『中国史研究』第二所収。
69 『馬端敏公奏議』巻八　酌調額兵添給津貼立營操演摺。
70 『張靖公雑著』戊寅年召判恭紀。
71 『沈文肅公政書』巻七　江蘇防營従緩裁減摺。
72 『劉武慎公遺集』巻四　開東長以團代賑疏。
73 『劉光禄遺稿』巻二　読郭廉使論時事書偶筆。
『曾文正公奏稿』巻四　覆議直隷練軍事宜摺。

第三章

旧中国の中央と地方

一

中世封建国家は、世界史上に現われた国家即ち、古代奴隷制国家、近世絶対主義国家、近代資本主義国家と比べる時、著しく国家としての形態を欠いた国家、換言すれば、国家らしくない国家と言い得るだろう。そこに於いては、通常、国家の概念から想起される国家制度、高度に発達した法律的体系、諸々の統治と支配の体系等々、要するに現実の社会関係から、ある程度、独立した組織としての国家を見出すことは、極めて困難だからである。例えば、これを西洋について見るならば、中世封建国家は、実質的には、分散した個々の領主や諸侯の私的権力の集積されたものにすぎず、そこには真の統一的組織的なものは存在しない。この封建的アナーキーを辛うじて弥縫すべく、一応、王権の存在が見られるが、然し中世ヨーロッパの王権は、極めて弱く、実質的には、権力であるよりも権威といってよいほど形骸化していた。しかも、アナーキーの支配的な中にあって、ただ一つの統一的な権力を代表するかに見えるこの王権にしても、諸侯の権力と同じく、それ自身一つの私的権力にすぎない。形式的には、伝統的な権威として、アナーキーを統一した公的な権力であるが、実質的には、他の諸侯権力とその力に於いては、大差なく私的な権力に転化している。

ここに於いて、統一勢力の微弱な西洋の封建国家においては、アナーキー体制が普遍的であり、領主間の権力行使は、いわゆる「フェーデ」として慣行化される必然性が生ずる。フェーデ（Fehde）とは、封建領主が、実力を以て、自己の権力を擁護するために行う私的闘争である。さて、ここで問いたいのは、封建社会に於ける私的権力とか公権力とかは、一体何によって根拠づけられるかということである。西洋中世国家における公権力の担い手は、俗界における国王、聖界に於ける教皇であったとすれば、法制上、その支配下に立つ個別聖俗領主の行使する権力は私権力であったにちがいない。然し、他方、個別封建領主間の関係に於いては、その私権力の行使と私闘は、自己の既存秩序の維持と、その法の実現のためには、不可欠のものであり、従って、その適法性は、承認され、フェーデは、決して犯罪とは、みなされなかったという意味でフェーデに現われる封建領主の権力行使は、公的権力の意識をその根抵にそなえるものであった[1]。

中世国家に於ける分権的政治体制の下では、公権力の体現者たる国王や教皇は、配下の聖俗領主の精神的ないし宗数的保護者ではあっても、政治的物理的強制力を保持する者ではあり得ず、たとい保持していたとしても、その実質的な力は形式上の被支配者たる各領主の安寧を守り得るに足るものではなかったから、結局、各人が各人の実力によって、自己の内政を維持せねばならなかった。ここに於いて、フェーデには、適法性の承認を暗黙裡に与えられ、聖俗諸侯の私的闘争は、視角を変えれば、国家の公的戦争に外ならず、その権力の行使は、公権力に基づけられるものであった。

従って、中世ヨーロッパの政治体制に於いて国家権力の意味するところのものは、極めて相対的なもので、国王や教皇を公権力の担い手と考えれば、個々の聖俗領主の政治権力は、私権力にしかすぎないが、他方、物理的強制力（とくに軍事力）や政治的権力（とくに裁判権）に関して、無能力に近かった國王や教皇の支配下にあった封建領主は、形式上はともあれ、実質的には、彼らの実力で自己の支配を維持せねばならなかった点では彼らの行使する権力は、公権力であり、実質的には一つの国家権力の意味を内包するものであったといってよかろう。

この西洋中世社会に於ける政治主体の公と私の関係は、中国の政治社会体制に、異質の形質をとりつつも、奇しくも共通の特色を以て現われるのである。

二

周知の如く、中国では、日本や西洋のような形での封建社会の形成は、見られなかった。

法制史的側面からいえば、封土の授受を媒介として結ばれる支配者間の封建的ヒエラルキーの編成は見られなかった。一方、経済史的側面からいえば、封土に於いて、直接生産者である農奴と領主の関係即ち農奴制の形成についても未だ確定した見解は出されていない。現在のところ、農奴制成立の起点を宋代におくもの[2]と、明末清初におくもの[3]と二つの見解が対立しつつ、それぞれ学界で有力になりつつある。農奴制の成立期を前者におけば、中国の中世は、宋代に始まることになり、また後者におけば、明末清初に至って、初めて、中国の中世は始まることになる。然し、何れの見解も農民の支配者たる地主＝官僚の政治的支配関係、並びに、その経済的基盤たる農村共同体との相互規制関係については、論外なので、西洋や日本の中世史と共通の立場から、比較することは、困難なことである。法制史的側面から見た中国の政治社会体制は、独裁君主たる皇帝を頂点として、その分身たる官僚が、形式上は、在地支配から切り離されて被治者たる農民を統治するが、農村共同体の統治は、実質的には、在地支配の城居地主を通して、間接的になすにすぎず、皇帝の法治は、末端の郷村にまでは、達しなかった。下部構造たる農村の支配関係は、農奴制的性格を具有していたとしても、上部の国家機構の中に、内的に整序統合されてないので、西洋や日本の封建社会とは異質のものである。

従って、中国では、他の社会のように、本質的に。中世社会の時期を画することは、できないのであるが、歴史上にあらわれる諸現象を綜合的に関係づけると、大勢として、宋代以降、君主独裁政治・集権的官僚国家が、漸次、整備強化され、そして、これが完成してゆくのが、明清頃であり、[4]同時に近世社会の諸様相を、その内に胚胎しつつあったと見てよいのではなかろうか。中国が、欧米資本主義諸勢力の外圧の下に半植民地半封建的な境地に陥り、近代化の波に洗われるのは、阿片戦争以後からであり、この頃から近世社会と近代社会の諸様相を重層的に内在させつつ、特殊的近代社会へ移行するのである。従って、宋代から清中期頃までは、中国的な中世社会であったと見てよかろう。

　宋代以降、国家機構が、形態上、最もよく整備されたのは、清代である。清代の国家は、異民族の王朝が君臨する国家であったが、八旗を基軸とする少数の軍事力と、前代の官僚機構の腐敗のもたらす農民暴動によって、自己の存立の危機を感じた漢民族官僚地主の支援によって、辛くも中原に君臨できたのであるから、統治機構を含めて国家の基本的体制をそのまま継承せざるを得なかったので、伝統的国家体制は、依然として、維持され、[5]且つ中華的政治精神に順応して、むしろ、その強化が図られた[6]のである。

　さて、ここで清朝国家体制を西洋中世国家と比べるとき、その形質は、かくの如く大きな隔たりが、見られつつも、ある要素をとらえて考察すると、西洋中国家と同じような問題が看取されるのである。その比較の対象は、直接国家権力の主体が、あからさまにフェーデの如き形で現われる場とはちがって、これから問題にするのは、国家財政の領域に於て見られる特質である。

三

歴史的中国の国家財政では、各地方官が徴収した税粮は、皇帝直轄下の中央戸部へ解送し、それらの収入の全ての中から、中央や地方への経費を斟酌し、一年に要する中央経費を遺し、残余を各地方の経費に充てるという制度をとらなかった。実際には、各州県で、地方官が、徴収した税糧は（清朝では地丁銀）、その州県で必要とする経費を差引き（存留銀といい、大体二、三割）、他は、各省の布政使司（財務官庁）へ送り、その省の必要経費と隣省への軍事的援助費（協解）を遺し、それらの残余を中央の戸部へ解送し、宮廷、営繕、儀典、中央官庁備品材料費、王公中央官庁官吏俸給手当、近衛軍団経費等々に充てた。そして、一旦、州県→省→戸部のコースで中央へ送られた地丁銀は、再び各省、洲県へ還元することは、原則的には行われなかった。[7] 従って形式的には、各省・州・県の地方財政は、皇帝の統轄する中央官庁によって、規則を与えられていても、実質的には皇帝の直接関係する厳しい登用試験によって採用され、その政治を一任された地方官が独自の裁量で、地方財政を運営しなければならなかった。外征など、国家全体の運命に関する軍事費などの支弁も、財政的に余裕のある省が、援助費を出し（協解）、君主の総指揮する軍隊の費用に充当した。[8]

このような国家財政の形態は、収入と支出のバランスが、うまく保たれれば、問題はないが、親実には絶えず矛盾を孕み、清初の三藩の乱や嘉慶期の白蓮教の乱時などに際して、内政上諸々の腐敏した事態をもたらした。

清朝の国家財欧の主要歳入は、各州権で徴収されるいわゆる地丁銀に依拠していた（大約八割が地丁銀による）。この項の税銀が、国家全体の必要とする経費を全て含んでいれば、問題はないが、事実は国家全体（中央・各省・洲県）の行政上要する費目を内包するものではなかった。中央官庁の財敢は論外として、各地方で必要とする行政諸経費、例えば、河防や海塘等の工事費、衙署（官吏の居宅と官庁の建物）、営房（各地駐屯の八旗・緑営の居署や駐在所）、域垣、橋梁、道路等の修造費、逃荒飢民の救済、種々の奏摺・書類・帳簿等の費さえ含まれていなかった。[9] これら地丁銀の支出対象は、主として、種々の人件費的なもの。例えば、官吏の俸銀、官庁の事務員や諸雑役夫に対ナる役食費、駅伝の口食費、官吏候補生に対する給費、孤貧者に対する給費など、いわば生活費乃至手当の如きものに限られていた[10]。

元来、中国では、古来から、州県のような地方では、行致上必要な土木営繕工事やその他官庁に付帯する諸役務は、その地方の人民の無償労役すなわち役で賄わるべきものとされていた。勿論。無償役務の収取の方法は、時代の進展と共に変転したが、そこには一貫して流れる観念は、それぞれの現地で、人民が、役務を負担すべきであるということであった[11]。であるから時代が下り、貨幣経済が発達するにつれて、必然的に生の労働に代って銭納・銀納・貨幣納という形をとって、負担することになり、更に明中葉に始まる一条鞭法への傾向とその長い過程の中で、各種の煩雑な徭役が、丁（人民一人当たりの労働力）毎に一律に銀若干とする、というように定則化され、それが、丁銀と呼ばれるようになった[12]。従って、明の制を受け継いだ清朝の制度に於いては、正規の税銀とされる地丁銀には官俸や中央財政に充当される地銀（田租）の他に、それら地方行政役務費に充てるべき丁銀が含まれているはずであった[13]。然し、清朝の行政規模が、いつまでも明代の旧に留まるはずはなく年代と共に膨脹することは、不可避である。然るに、税粮は、一端、貨幣化すると、固定的性格が強く、新しく脹れ上った分を賄うことができない[14]。

このような清朝国家財政の矛盾は、建前として、皇帝より政治を委任された地方宮の統治する州県財政に於いて、その破碇を露呈する。本来、地丁銀の中に、人民の傜役負担分が、含まれているはずのものであるが、実際的には、正規の税銀の支出対象は、前述の如く主として、人件費的性質のものにしか、充当されないので、州県官は、不足分の丁銀に代るべきものを別に工面する必要に迫られ、それぞれの裁量によって、適宜、財源を切り拓いていかねばならなくなった。そこで地方官は、税粮の発源主体である人民に闇の税役をかげざるを得なくなるのである。具体的にいえば、地丁銀に附帯して撤収する耗羨を私収してこれらの財源に充てた。[15]
耗羨の徴収は、もともと納付する地丁銀の耗《めべり》を予め見越して、官が納税戸より、定額外に幾許かの銀を収取したことに始まるが、[16]如上のような理由から、何らかの収入によって、地方の公的事業役務費を捻出する苦境に立たされた地方官は、ここで、本来、来源を異にする耗羨の増徴という闇の手段によって、それらの費を入手する新たな途を切り拓いていくことを余儀なくされたわけである。耗羨は、いわば地丁銀に対する一種の付加税であるが、ここに至って、州県官によって、納税戸より随意且つ公然と私徴されるようになり、[17]以後この耗羨が、実質的に従来の傜役の肩代わり役目を果すようになった。
さて、こうして、行政維持諸役務費に充当るべき丁銀にすり替えられて、その費途にあてられた耗羨銀両は、果して、効果的に、その機能を発揮したであろうか。本来、意図した如き地方の公的事業（公事、公務）費に充当されたであろうか。ところが、事実は、そうではなかった。そもそも、これらの私徴銀両の項目が、地丁銀の如く、国家によって公認され、国家の会計上、正当な位置を占めているものではない闇の税項目である。他方、天子に代って、万民を扶養、養育の職分を委嘱された州県官は、[18]民生の維持、運営を財政的裏づけなしに、上から規制され、その任務の全うのため、果て又自己のポストの維持のため、こうした私収銀（＝耗羨銀両）を正当なものとみなし、地方の行政維持に不足の経費をそれぞれの裁量によって、いわば私的な方法で適宜処理せねばならなかった。つまり、こうした清朝地方官の財政的処置は、国家との関係から見れば、「私法的」なものである。だが他方、地方官衙自体にあっては、「公法的」な性格を担うものである。而して、ここで重要なことは、かかる国家財政のあり方こそが、外ならぬ地方官衙（＝地方官庁＝地方行政）の腐敗、延いては、清朝政治の諸々の紊乱を規定せる一因をなしたのである。また、ここには、まさに西欧中世社会に於ける国家権力のあり方即ち封建領主の権力行使に現われる公法性・私法性の矛盾的併存が、「フェーデ」の如き秩序の紛乱を輩出した事態と共通の問題を内包しているのを看取し得るのである。

清朝の地方官は、これらの私収銀（＝耗羨銀兩）が、国家の公的な財政款目の範囲外にあるのを利し、且つ地方行政運営に『必需』という名目の下に、それらの税銀（耗羨銀両）を横領着服する（「私徴入己」）ことが可能であった。清初の例では、山西省の各州県官は、一両毎に三銭四銭（五割内至四割）に上る過度の火耗（＝耗羡）を入己（着服）していた[19]。また、清初のある地方官は、次のようなことを上奏している。即ち「「税銀を徴収するのに、今の貪欲な地方官は、ただ多く徴収すれば、多く火耗を得られることを知っているばかり、遂には、毎年定期的に徴収せず、予め二、三年先の分を併せ徴収している。今年の納税が、まだ終らないのに、来年の追徴が、やがて迫ってくる。一年に二・三年分を並徴するわけだ[20]」と。税粮の徴収の際、この火耗の他に、その解送（運送）の諸経費をとるので、それらを含めての税銀収納に付帯する補償にあてる純附加税の歩合は、常識的には、一割が普通であるが[21]、現実には、それをよいことに、五割六割といった莫大な搾取が見られるのであって、このことは、耗羨収取に定則がなく、州県官の良識的判断に委ねられていた結果によるものである。

然し、翻って考えると、このような官僚の私欲主義も、前述したように中国の官僚機講の存立形態に本源する避け難い現象であったから、清朝政府による禁令の徹底化、度々の上からの法的規制[22]にも関らず、何れも不完全な形でしか実施されなかった。ましてや耗羡の全廃ということは、元来無理な念願であって、その施策趣旨は、立派であるにしてもそれは、官僚の存立に関わる大問題であったから、官僚機構やその存立形態にメスを加えることなく、耗羨の私徴入己の解決の側面だけを望むのは、木に縁りて魚を求むるの類に等しい。端的にいって耗羨の私徴入己が、元来、州県官個々の随意に委ねられていることによってこそ官僚が、官僚として存立し得ていたからである。従って、州県官による耗羨の私徴入己が、聊かうしろめたい陋習として、非難を受けながらも、他面ではやむを得ない措置として黙認あるいは公認される理由があった。

ところで、これら州県官によって、随意且つ公然と私収着服された耗羨の使途はいかがなるものであったかというと、その筆頭に挙げられるものは、いうまでもなく、これまで強調したように、篦方の公的行政事業費である（これが全体の約二割を占める）。この他、これにも増して、大きな比重を占めるのが、上級官僚（総督、巡撫[23]、布政使[24]、按察使[25]、道員[26]など）や上級官庁の職員（幕友、胥吏、衙役などの吏員や役夫、家丁、下人）への贈賄（餽送）（全体の約六、七割）、さらに州県官、私家の日用費、生活費（全体の約一、二割）などの私的費用である。

州県官（知県、知州）は、官位高くないけれども、州県政に関し、広汎な権限をもっており中央最高行政機関に倣って、設けられた吏・戸・禮・兵・刑・工の六房の政府を主宰し、天子の独裁に倣い、大小のこと、知県、知州が裁決する。いわば、一州県の独裁官といっても過言ではない[27]。即ち「人民百中の九、十に対しては知県、知州が即ち政府[28]」のわけでもあったのである。旧中国の官僚は、近代的官僚に類する点もあるが[29]、むしろ代官的な性格を多分にもっていた。中国官制では、中央の政令を徹底させ、血族同郷のもの結託し、不善を為すことの弊を矯めるため、本籍並びに地域的回避制度がとられたので、地方官の任期は、短期間且つ、その更迭は頻繁を極め（大体、三年で任地を替えられる。従って、官衙は、恰も旅舎に、官僚は、旅人に等しい[30]）ために任地の言語、風俗、人情に通じないから、勢い政務を在地の吏員、役夫、或いは、そのことに堪能の士に依存せざるを得ない。

州県衛門の六房に配置され、直接政務をとる、いうなれば書記の如き仕事をするのが、胥吏（書吏）である。州県政治にあって、その実権を握り、親しく民に接し、県政を行うものは、実は、州県官ではなく、この胥吏である。然し、彼らは、通常、俸給はなく、さまざまな手数料、役得を以て、収入の資としている。即ち、官と民の間にあって、租税徴収或いは、裁判、訴訟事務を請負う際、種々なる名目の手数料、役得を以て、その資としている。彼らは、官僚と異なり、一定の衛門に衣食し、子々孫々、世襲し、代々家業として、政務の習熟に務めるのみならず、官僚の知見し得ない幾多の秘密文書を秘蔵する。従って、地方政治の表裏に通暁し、殆どその実権を意のままにすることが出来るので、これら地元勢力たる胥吏層への対抗策の一つとして、元来、実務や現地の事情に疎い州県官は、必ずその方面に明るい私設顧問たる幕友を手許に抱えており、最少でも、刑名銭穀（租税徴収・裁判・警察・訴訟）の幕友二名は必須とされた。更に中国の官衙にあっては、官の事務を執る役所と官邸が、一体になっておることに表現されるように、公私の区別が、頗る曖昧であって、官僚が官僚としての職務を全うするために、左右の私用を弁ずる家僕を必要とする。そこで、州県官は、赴任にあたっては、門番・料理人・印判を司る者、倉庫を司る者或いは、官僚の左右に待し、内外の使番をする者など、要するに家僕を（富者は、自己の奴僕を以て充てるから別として、貧者は）親戚崩友の手を通して、雇傭する。州県官の家族構成員は、膨大であり、彼らの妻子・親戚・縁者は、少くとも、八、九人から十数人、普通には、二、三十人を抱え、その上、擬制的家族員たるこれら公私の雑務を弁ずる家僕（＝奴碑＝家人＝家丁）を擁しており、多い場合には、數百人にも上った[31]。

　ところで、州県官は、これら家僕・家口養育費或いは胥吏・幕友への手数料を自分の懐より、払わねばならなかったことは、言うまでもない。州県官私家の日用生活費は、殆どこの項に費されるが、民より私徴した耗羨銀両の二割ほどが、これに充てられた。次に、上級官僚や官庁の職員への餽送・贈賄の項は、私取耗羨銀の大約六、七割という大きな歩合を占めるが、これも見方を変えれば、これら家僕・家口・胥吏などの扶養費に外ならない。何故なら、上級官庁に衣食する胥吏・幕友・家僕の生活費のかなりの部分は、彼らの主人から見れば、下官にあたる州県官よりの餽送、乃至心付けに依存しているからである。

それは、上官の参劾被罰をおそれ、且又自巳の地位の昇任を求める下級地方官の上官への阿諛心が上級官庁に雲集する家僕・吏徒にその弱点を衝かれ、彼らに心付費を求められるからである。[32]

かくなるわけで、州県官の私徴した耗羨銀両の使途は、一応、①上級官庁やその職員への贈賄、②州県官私家の日常生活費のためのいわば「私」的部分と州県の公的諸行政役務並びに事業費に充てられる「公」的部分に分けられるが、その「公」「私」の区分は、至極曖昧で、視角のおきどころ如何で、「公」費になったり、「私」費になったりするのである。前述したように、清朝国家権力と地方権力即ちち公権力と私権力の性格は、耗羨銀両に於ける財政面に現われる限りに於いては、前者から後者への視角方向では、耗羨銀両の収取は、闇税の私徴即ち「私権力」による税の「私収」であるが、後者から前者への方向に視角を変えると、耗羨銀両の収取は、正税の徴収即ち「公権力」による税の徴収であった。

一方、地方権力（＝地方官衙＝地方行政）内部に視点をおくと州県の最高地方権力の体現者たる知県・知州の行う州県政は、「公権力」に基くものであり、胥吏・幕友・家僕等のの執務、租税徴収・裁判・訴訟を主とする職務は、「私権」の行使にすぎない。然し、上述せる如く、知県・知州は、地方行政官の名を冠するものの、具体的地方政治には殆ど関係していない。実質的県政は、後者の手により行われている。従って後者即ち胥吏・家僕・幕友など直接の地方行政担当者から見れば、彼らの執務・職務は、公的政務に外ならず州県官の政務は、その逆である。換言すれば、国家側からは、私収と目される耗羨銀両の使途は、その私収主体である地方官衙内部に視点をおいて眺めれば、上述せる①②の費は、州県官→胥吏・幕友・家僕の方向で見ると、なるほど、私家の費、個人的日用費にちがいないが、他方、後者から前者の線に視角を変えると、それらの費は、公的行政を執行するのに、要する公生活の費、即ち公務費に他ならないのである。

以上、これを要するに、国家行政体制（独裁君主を頂点とする全国家行政体制）→地方行政体制（総督・巡撫を頂点とし、知県・知州を下官とする各省行政体制）＝国家権力→地方権力＝公権力→私権力のコースで看取し得る公私の関係は、その逆のコースで看取し得る公私の関係と表裏一体をなしており、また同じ原則が、地方権力内にあっても、全地方行政権力関係相互の間に貫徹しているといえよう。この清代社会に於ける行政主体に内在する公私の関係は、恰も、西洋中世社会の形式的には公権力の担い手は、教皇・国王であり、個別聖俗領主は、私権力の担い手であったが、実質的には、個別領主の行使する権力は、公権力であり、「形式的には、私法的、だが機能的には公法的[33]」という性格と共通するとみてよかろう。

四

清代の国家は、西洋中世のそれと異り、一応、統一された中央集権的な官僚国家の外見を備えているが、その実態は、上述せる如く、公私権力の未分化な中世国家の特質を具有する。然らば、このような中世国家における公権と私権の未分化な状態は、一体何に由来するであろうか。次に、その点について清朝国家体制から感ぜられる所を二点述べて、結びとしたい。

先ず、第一に、中世国家に於ける行政機構の未熟が挙げられる。近代国家にあっては、官庁の建物、什器はもちろん、官僚の俸給より事務に必要な筆紙に至るまで、すべて国家の弁ずる所であり、官僚は、建物を含めた物的経営手段と完全に分離されており[34]、それぞれ、国費で賄われる。ところが、中世国家にあっては、両者は、明確に分離されておらず、むしろ一体化していたのである。清朝にあっては、国家の弁ずる所は、官僚の俸給のみであって、その他の営繕費、消耗品費、事務費など物的経営資料は、中央の財政内には計上されておらず、各地方官が、宜しく自弁すべきものであった。換言すれば、そうした物的手段は、官僚に付随すべきものであり、国家は、その方面に関与しないのである。だから、土地を含めた統治に関係する物的行政手段は、公的には、独裁君主を主権とする国家の支配下にあるが、事実上は、官僚の私財産的な性格を担ってくる。要するに、官僚の家財政と一般行政とは、混然一体となっていて、截然と分けられていなかったのである。このことは、官僚の私邸が、同時に官衙であったことに、よく象徴されている。そうしてこのような私的な官僚の家支配と公的な行政一般の未区分、官僚の私財産と行政機構のの未分化こそが、実は、国家体制一般に於ける公権と私権、公法と私法の併存と未分化という性格を生みだす所以のものである。

次に、中世国家にあっては、支配のあり方が、人格的であり、且つ委任連関の開係に基礎をおくのが、特色である。清朝国家に於ても君主と官僚の結びは、人格的である。科挙の最終段階である殿試が、皇帝との面接試験であること象徴されるように、君主と官僚の関係は、Face to Faceの関係で結ばれ、私情をもつものとして、両者は関係する。近代官僚は、個人の恣意を排除し、機械の如く、機能することを目的とし、非人格的な法に従って奉仕するが、[35] 封建的家産国家では、法秩序を通さず、上司も下僕も、私情をもつものとして、直接に対しあい、上下関係に入る。君主↓督撫（上級官僚）↓布・按（中級官僚）↓知府・知県（下級官僚）↓胥吏・衙役（接民吏）の如く、支配の委任連関が見られ上司は下僚を人格的に支配する。各地方で徴収され、州県費として支出される存留銀の大部分が、官僚役務費として用いられということは、国費の多くが、官僚の俸給に費されることを意味する。しかしこの俸給が、官僚の生活を支えるには、薄給であって、言うに足りないことから考えると、官僚の俸銀は、生活給や職務給ではなく、君主の私的な行政委任に対する礼銀のごとき性格を有しており、君主と官僚の人格的・私的な支配関係を象徴しているようである。そして官僚など公的地位が、私的な人格ないし私情関係で条件づけられることが、他面では、国家に於ける公権と私権の未分化な性格を派生するのである。[36]

かくて、官僚は、君主から私的に行致を委任されるのだからして、独自の判断で、地方政治を行い得るわけで、中央への上供、他省への協解のノルマを果せば、あとは、独自の財政を執行することが可能であった。もちろん、人民から徴収できる税は、正項銀として上から規制されているが、正項銀は、殆ど、官俸役食費の財源しか含まないから、他の土木営繕など諸々の民政費に充当するとして、人民より適当な項目を設けて、税粮を徴収することができた。国初に於ては、それが、税銀のめべりを予想してとる火耗（耗羨）なる名目で、水増しの額外の私派を行い、それが雍正帝帝時代に上から規制されて、公的な税項目の中に入られるや。以後は、平餘銭[37]などの形で、地丁銀に付加して、規定外の賦課が行われ、人民を塗炭の苦に追いこんだ。

清代の国家は、宋代から始まる君主独裁制宮僚国家の完成された極みにあり、最も整った中央集権国家といわれるが、その内実は、以上見る如く地方官僚の行政が、中央の完全な支配下になく、行政の細目は、地方に委ねられており、県署職員の構成、予算の立案執行、官署の運営事務費などすべて、地方官の任意な支配下にあること、官僚制に於ける支配命令関係が、私的で人格的であり、それだけ、一方では、地方官は、人民を恣意的に支配できることなどから明らかなように、地方権力の存在形態は、中世的であり、彼らは、ある点では、西欧の封建領主に比定されるような独立性を保持していた。いわば、公権力を外被とせる私権力であり、人民と土地を私的な家権力で支配する家産制的行政官であった。ただ、それが、形式的な清朝の官吏法の中で、恰も、中央へ一元化されているが如き外見を与えていたにすぎない。だから、清末に太平天国の乱に於いて、清朝の統制力が弛緩するや、曽國藩、李鴻章など主だった地方官は、独自の歩みを進め、清末の軍閥へと発展していくのである。

（東京都立小岩高等学校研究紀要　創刊号　一九六七年）

註

1 堀米庸三「西洋中世世界の崩壊」岩波全書
2 前田直典「東アジアにおける古代の終末」歴史1の4
3 小山正明「明末清初の大土地所有」史学雑誌66の12、67の1
4 堀敏一「中国における封建国家の形態」歴研報告「国家権力の諸段階」所収
5 和田清編「支那地方自治発達史」第5章第1節
6 安部健夫「清朝と華夷思想」人文科学1の3
7 清国行政法、第6巻、第4篇財務行政
8 「雍正硃批諭旨」所収、地方官の諸奏摺
9 清国行政法第3巻　土木営繕
岩見宏「雍正時代の公費に関する一考察」東洋史研究15の4
10 清国行政法　第6巻第4篇　財務行政、岩見宏前掲論文
佐々木正哉「咸豊2年鄞県の抗糧暴動」近代中国研究第5輯
11 山根幸夫「16世紀中国に於ける賦役労働制の改革」史学雑誌60の11
人民の負担した役務には、土木営繕工事の他、祇候、門子（門番）、禁卒（牢番）、膳夫（炊事夫）、庫子（倉庫の番人）、斗級（糧米のはかり夫）、柴夫（薪炭をとり、薪炭を焼く役夫）、斎夫（祭礼の仕事をする役夫）など中央及び地方の嘗庁の雑役、館夫、馬夫、水夫、舗司、舗兵（文書伝達夫）、防夫（官物運送の護衛）などの官用の交通通信運輸に附随する役務、弓兵、民壮、機兵、番快など地方治安維持に当る役務、粮長、解戸、巡欄など税務の徴収や輸送に当る役等々がある。
12 竈宮谷英夫「近世中国に於ける賦役改革」歴史評論1の2、3
岩見宏「萌の嘉靖前後に於ける賦役改革について」東洋史研究10の5
13 北村敬直「清代に於ける租税改革」社会経済史15の3、4
14 岩見宏　前掲論文
15 岩見宏　前掲論文
安部健夫「耗羨提解の研究」東洋史研究6の4

16 銀貨幣は、秤量貨幣であって計数貨幣ではない。そこで、その実際の使用に際しては、切ったり、溶かしたりする毎に多かれ少かれ、目減り（火耗、耗羨）の発生するのを避けることができなかった。普通、銀一両を溶かす毎に必ず、一・二分の目減りがあり、徴税者たちは、この避けがたい目減りの補償を納税者に負わさせた。

17 例えば、康熙年代の一地方官は、各省の税粮には、地丁銀の他に、昔より耗羨があった。多寡は同じでないけれども、皆州県官が、私徴していたといい、またその頃の他の一地方官は、耗羨は州県官の応に得るべきものといっている。（碑傳集巻82、黄世発傳。雍正硃批諭旨第4冊高成齢傳）

18 末端最少行政単位である州県の地方官（＝知県、知州）の職分については、清国行政法（巻1下）では、裁判、検屍、租税徴収、警察及び監獄、公共建物の営繕、教育及び試験（官僚候補春採用）、被災者並びに貧民救済の七種に分類している。

19 安部健夫　前掲論文

20 国者献類徴初編

21 安部健夫　前掲論文

22 雍正年間に、この耗羨を建前として、一旦、省の布政使庫に納め、改めて大小官員に対し、一種の勤務地手当的な養廉銀を支給し、この中から、州県の事情に応じて、地方行政上、必要な公的事業費を支給させることにした。そして、このような上からの規制強化措置によって、州県官の私徴濫取による弊害を防止せんとした。

23 各省ないし数省を含めた地方の長官

24 各省財務長官

25 各省監察長官

26 督・撫・布・按と知県、知州の間にあって、省の行政を管理し、各州県の政務を監察する地方官

27 根岸佶「中国社会に於ける指導層」第2章

28 清国行政法巻1下54頁

29 一般人民の中から、登用試験によって採用され、一定の段階を経て昇進すること。一定の俸給を与えられることなど。

30 根岸佶　前掲書

31 宮崎市定「清代の胥吏と募友」東洋史研究16の4

32 安部　前掲論文

33 堀米庸三「西洋に於ける封建制と国家」思想302
34 青山秀夫「マックスウェーバーの社会理論」174頁
35 青山秀夫　前掲書。
マックスウェーバー「経済と社会」第9章　第2節　合法的支配
36 木村正一「清代社会に於ける紳士の存在」史淵　24
37 佐々木正哉　前掲論文

第四章

洋務と練兵

一

北京条約を締結し列強に屈服した清朝は、同治の中興期の政策の中で、先ず目標としたのは強兵策であった。清朝にとって「和好」は「権宜」にすぎず、「戦守」こそが「實務」であり[1]、治国の道は一に自強にあったからである。その自強は「練兵を以て要と為す」と言う如く[2]、一次的には軍の再訓練、再編成であったが、正規軍が崩壊した現状では、西洋列強の手を借りずに再建は困難であった。しかし、それは罷りまちがえば列強の侵略を誘発することになり兼ねない。そうしたジレンマに対し、清朝はどのように対応し、どのように強兵策を進めていったのだろうか。本章は、そうした観点から西洋列強の援助下にあって清朝の行った軍事改革上の模索、その中でも特に練兵について若干跡づけてみたものである。

二

周知の如く、清朝の経制兵緑営は太平天国の革命軍の前に自壊した。太平軍が金田で挙兵した当初は二千人にすぎなかったが、広西省の額兵・士兵併せて三万七千の兵を以てしても、これを鎮圧できなかった。他省は推して知るべしで、続く捻軍、回族、苗族等の起義の平定は、悉く湘・淮勇などの非正規軍の力に依存し、[3]緑営の戦績は皆無に等しかった。また清朝の近衛軍たる八旗も頽廃し、演習も具文化していたが、その中で最も訓練に勤勉、且つ技量習熟しているといわれた健鋭・火器・香山営さえも英仏連合軍の優秀な火器の前には無力であった。[4]

かくして保守頑固派の怡親王一派を駆逐して政権を握った恭親王政権は、軍機処、総理衙門を足場に中興政治を開始するが、[5]その体制再編成、自強政策の中で何よりも急がれるのはこのように瓦壊した軍事力を如何に再建するかであった。

さらに清朝以上にその軍隊の再建に期待をかけていたのは、英仏を中心とする列強資本主義勢力であった。とりわけイギリスは、ブルース公使を代表として清朝に軍事援助を申出で、軍事力改造と強化のために必要な軍事教官と武器の提供を示唆した。英仏は北京条約により目的をほぼ達成したが、なお心残りなのは開港場・条約港における治安の乱れであった。太平天国とそれに伴う内乱、及び何よりもその防衛にあたる勇兵の外国人に対する暴行や侮辱行為は、とくに不安の種子であった。[6]かくて清朝の統治機構を中央集権的と見ていたイギリスは清朝中央政府を指導し、軍事援助を行い、その軍事力を強化することによって、太平天国によって巻き起された中国の無政府状態を終息させ、条約港地区の防衛、延いては、通商上の安寧を回復させ得るものと信じた。[7]

三

資本主義列強のこの所謂協力政策の下で、初めに軍事援助を申出たのは、イギリスではなくロシアであった。

一八六〇年十月、ロシアは鉄砲一万挺及び大砲五十門の贈呈と併せて、その製造並びに射撃法の伝授を申出てきた。また対太平軍との戦闘に陸路の清軍を助けるべく、平行して海路ロシア兵三・四百名出動させ支援したいと提議してきた。[8] 同じ頃フランスも洋槍、炸砲等の火器を販売してもよいし、また各種火器鋳造の講習を上海等で行う用意があると提案している。[9] ロシアの兵器贈与は、これより先、一八五八年英仏との調停役を買って出たロシアが充分にその労をとれなかった事への償いとして申出てきたものだが、清朝側の拒否にあって実現しなかった。[10] それを恭親王の働きかけもあってロシアが再度提議した形となり清朝も受入れの運びとなった。[11] 清朝は京城各営、圓明園、健鋭営並びに外火器営からの選抜兵六十名と士官六名を派遣し庫倫でのロシア側の演習に参加させた。[12] 贈与の銃砲一万挺と大砲五十門は北京や天津に運ばせ、のち天津洋槍隊や神器営の武器として使用させたが[13]、演習の方は僅かしか行われず、ロシア側が日時を延ばし、逃げ口上を言うなど誠意が見られないという出先官憲の庫倫辦事大臣色克通額の上奏により中途で撤回となった。ロシアが蒙古遊牧各処での貿易を許さない清朝に抗議し、兵器贈与を取引材料にして当地での自由貿易を実現しようとしたと報告しているが[14]、洋式操練を理解せず、内陸貿易の交渉が多少紛糾していた雰囲気の中で生まれた出先官憲の誤解もあったと思われる[15]。

他方、南京の太平軍討伐に向けて、ロシアが提案した長江経由三・四百名派兵による援助に関しては、フランスも条約締結後の会談で同様な趣旨の援軍を申し出ている[16]。これら露仏の軍事援助の提議に関して、清朝政府の代表たる恭親王は受入れに消極的であった[17]。兵力不足で革命軍の跳梁を許し、清朝の威信低下を招いている現状にあって、外国の軍事力を借りたい気持も山山だったが、それ以上にロシアの野心を警戒し、協同出兵に名を籍りて私利私欲をほしいままにされては有害無利というもの。結局、江南の戦況をつかんでないので判断つかず、その辺のことを江浙の督撫に検討させることにした[18]。

この恭親王の依頼に対し、露仏の援助受入れに賛意を示したのは、江蘇巡撫薛煥であった。彼は外夷の目的とする所は、利にあるので、その兵力を借りると軍費が巨額になろう。しかし、江南の軍餉、毎年約一千万両をかけて八年を経過してもまだ南京を攻め落とすことができない。露仏の力を借りた場合、その兵費多いけれども、早く平定できれば軍費の節約、図りしれないものがあると[19]、外国の力を借りる利を説いたが、各地の督撫の大方は、外夷の軍事援助を受けるのに反対であった。反対の急先鋒は遭運総督袁甲三であった。反対の第一点は、中国にも海軍があり、長江に数百号の艦船が広楚の勇兵によって編成されている。僅か三・四百名、船にして数隻にすぎない援軍を得ても何の役にも立たない。しかも、彼らはもし賊討伐に成功すれば、威張り、失敗すれば、僅かの損害でも賠償を吹っ掛けてくる厄介な存在である。第二点は、彼らは貧欲で兵費必ず多く要求する。江蘇両省半ばは陥落し、餉源殆どない。そのような窮境の中で、中国の財を尽して外夷を飽きるほど富ませるのかという財源の問題、第三点は、いま急に彼らの援助で南京をとり、長髪賊を長江から掃討したとしても、夷人はこれを利用して必ず長江を把持壟断するだろうという侵略の恐れからであった[20]。

督撫勢力の意見の中で最も重きをなしたのは、当時湘軍を率いて太平軍討伐のため転戦していた両江総督曾國藩の意見であった。彼は長江には、現在上流では彭玉麟等の水軍、下流には、呉全美等の水軍があり、水上の備えは充分、長髪賊の横行も陸上であって、水上ではない。だからたとい水上から援軍を得ても、我が陸軍が金陵を攻撃できない現段階では、露軍との夾撃の意味がない。蘇・常各郡を我が陸軍が奪回してから改めてお願いするということで、やんわり断るべきだと主張した。中国側としては、別に急いで助けを求める必要もないし、また昔から外夷の中国援助は、常に意外の要求を出し、その処置に失敗すれば、干戈を惹起することになりかねないからと賛成するのでもなく反対するのでもない、いわば時期尚早論を打ち出した。[21]

結局、袁甲三の意見は正論だが、現実の外交策としては極論として退けられ、曾國藩の中国陸軍の勢力挽回をまって改めて、応援を依頼するという案が裁可された。[22] 先方には、現在、兵力充足しているので、今後必要の都度援助を仰ぐという如く羈縻せよとの上諭があり、一応露仏の海軍援助は受入れないこととなった。[23] もっともこの決定にはイギリスの圧力も絡んでいた。イギリスの漢文秘書官トーマス・ウエードは恭親王に対し内乱の鎮圧は、中国政府の仕事である。もし他国の援助を借りたら、露仏は城池を奪回しても中国側に渡さないだろうし、英国もまた占領すれば必ず自己の領有を主張するだろう。と言ってインド攻略の先例を引合いに出して警告した。[24] 露仏に先を越されたイギリスがそれらの軍事援助行動に対し牽制を加え揚子江の権益を防衛しようとしたわけである。[25]

ともあれ以上の経緯から明かなように、清朝では中興政治の中枢たる恭親王にしろ曾國藩にしろ列強の援助には極めて警戒的で、アロー戦争の敗北と屈辱的和約締結直後だけに援助に名を籍る列強の進出を極度に恐れた。ただそうした空気の中で、上海を中心とする江浙の官紳は、当局とは態度を異にしていた。彼らは西洋列強の侵略よりも太平天国の革命軍の方をより畏怖した。英仏の軍事力で太平天国を鎮圧するという「借夷勦賊」を何度も清朝当局に要請したのは彼らであった。即ち一八六〇年春、李秀成麾下の太平軍が江南に進出した時、既に蘇州官紳が江蘇巡撫薛煥に英仏の夷兵による勦賊を願い出ているが[26]、一八六一年十一月通商港寧波陥落するや、江蘇の紳士殷兆鏞（江蘇前詹事府詹事）、徐申錫（浙江翰林院編修）等がイギリスの書記官パークスと会商し、上海の防衛、寧波・蘇州等の奪回のため英仏官兵の借師を要請し[27]、同十二月には蘇州紳士播曾琳が両江総督曾國藩に書簡で洋兵の商借を請うている[28]。この江南の紳士階級の考え方を代表していたのが江蘇巡撫薛煥であった。彼は長く上海で西洋諸国との外交交渉の衝に当っていて、それとの駆引きに慣れており、営利のために外夷と結託するのを躊躇わない買弁的性格を濃厚に示していた。彼は露仏の兵力を借りて長江流域の賊を掃討して新条約で認められた長江貿易を早く軌道にのせ、貿易の利を収める方が得であり、またイギリスはロシアの進出に脅威を感じているので、ロシアを利用することによって、イギリスを牽制することができると、いわば夷を以て夷を制する意見を上奏し、外国の軍隊導入を主張した[29]。これら上海を中心とした江浙の商紳階級の借夷勦賊の要請は一八六二年には、一層拍車がかけられ、地方官との折衝だけでは埒があかず、二月蘇州紳士代表潘曾瑋が海路来京し、直談判に及んだ。恭親王は、当時上海などでの条約港の防衛に西洋の兵力を借りたとしても、内地の攻防戦には絶対用いるべきではないと考えていた。現実の問題として、洋兵と共同作戦をとった場合、彼らは行軍迅速で中国兵はそれにとても付き従っていけないこと、彼らは攻撃一方で防禦を知らず、中国側で防衛できなければ、せっかく回復した城市もまた失うことになる。また大量の軍需品の補給のめどもつかない。差し当り、城池を回復しても防衛の兵を算段することができないので、結局共同出兵といってても洋兵の単独行動となってしまうことも憂慮した[30]。同治帝も、蘇州の紳士たちは、ただ目前の利に眩み、後の患いに思いを致していない。彼らは西洋人の陰険さを知っていないと批判し、洋兵と会勦し、図に乗って一時に多くの禍根をのこすことを恐れた[31]。曾國藩もこの事についていては同じ考えであった。条約港は通商港として西洋人との共存地ゆえ、お互いの財産を共に守らなければならないが、蘇、常、金陵は、もともと通商港とは異質の中国本土である。中国の領土を復するのに外国に代行してもらうべきものでない[32]という論理であった。曾國藩はまた外国の借助を受けることを深く愧じ、同時に外国と会勦できる兵なきことも大いに恥とした[33]。それは中国の国家、国土を守ろうという意識よりも中華意識の裏返しとしての面子喪失のそれであったと言えよう。

しかしながら周知の如く、事態は清朝をして結局、借夷勦賊を認めざるを得ない方向に進展した。[34] 即ち一八六一年十月、太平軍の江浙進出に不安を抱いた上海の紳士グループは、安慶の両江総督曾國藩へ、兵力の分遣を求め上海の防衛を固めようとした。[35] しかしこれは安慶から上海へ軍兵を輸送する方法がつかないため間にあわず、そうこうする内に、ついに十一月には開港場寧波、続いて浙江省城杭州の陥落の報入り、上海商民は恐慌をきたした。ここに上海官紳の代表殷兆鏞、徐申錫などは、イギリス書記官パークスとしばしば会談し、同国在京の公使を通して英仏軍の軍事援助の斡旋を依頼すると同時に、十二月会防局を設け、英仏提督、領事等と攻防の策を図るに至った。[36] 薛煥からこの報告を得た同治帝は一八六二年一月、軍事情勢緊迫しているいま、総理衙門が北京で商酌するのをまっていたら、事態に間にあわないだろう。借師勦賊に関する事柄は、薛煥に命じ、先に借助を請願した江浙紳士と共に、英仏両国と迅速に商議して処理してよいと命じた。[37] つづいて三月の寄信上諭では英仏の在京公使が言うには、太平軍の上海進出で、同地の洋人が官軍援助を強く求め、軍艦を長江に派遣して協同防衛を行うよう請願しているとのこと、このような洋人の助勦請願を重ねて拒否することもできないので、これを姑く許し、以て籠絡の計としたいと方針転換を示した。[38] これまで西洋諸国と太平軍との結託を恐れていた恭親王も上海での英仏軍と太平軍との衝突で、両者の溝深まっていくことを奇貨として、暫らくその抗争のままに委ね、英仏の武力援助を敢て阻止しないことを明らかにした[39]。

こうして、なしくずしに始まった外国の清軍援助は、ワードの如き個人の参戦を嚆矢とし、彼の下に組織される常勝軍の活躍、次いで恭親王及び英国公使ブルースによるゴルドンの常勝軍指揮の承認へと進み、終には、一八六二年の太平軍第二回上海攻撃の際、英仏軍官代表と恭親王の会談によって上海周辺三十マイルに於ける外国軍隊の転戦の承認と相成り、外国軍隊の清軍直接援助が始まった[40]。英仏連合軍は常勝軍と連帯し嘉定、青浦などを奪取し、寧波では、英仏連合軍による城市奪回成り、近郊一帯の太平軍掃討作戦が引き続き行われた[41]。

ところで、こうして余儀なくされた外国軍の導入であるが、その援助を受けるに際して清朝当局が最も注意を払ったことは、中国の主権の維持であった。そのため外国の指揮官には、中国の官職を与え、中国の節制を受けさせ、また行軍は清軍必ず同行し、中国側が指揮権を握るように努め、その地方の主権が侵されないよう腐心した[42]。常勝軍のウオードが中国服に更め、中国籍に入り、中国官僚の管轄を受けることを求められたのは、その証左である[43]。

しかし、こうして清朝は英仏の軍事援助を一応受け容れたものの、その一方では、曾國藩、李鴻章、左宗棠など実力督撫を鞭撻し自力掃討に全力を注いだ。湘軍や淮軍などが、その要請に応えて活躍したことはよく知られている。彼らは常勝軍の如き中華混成の私的軍隊の援助は受けたが、公的な英仏正規軍の援助は、上海と寧波周辺に限定されそれ以外の地では受けなかった。最後の南京包囲戦は外人の援助を借りず、曾國藩の軍により行われた[44]。言ってみれば清朝にとって借夷勦賊はあくまでも洋夷を羈縻する一方策にすぎず、天朝の領土は、たとい建前だけであったとしても、本来、天朝の軍隊で守るべきものであったのである。だが自力防衛を全うするためには天朝の軍隊を近代化することが差し迫った課題であった。そこで同治期に入ると、清朝は各督撫を督励して、盛んに洋式訓練を採用してでも強兵を図るべきことを指導した。かくしてここに至って清朝は軍の洋式化に重い腰を上げるのであるが、その際、苦慮したのは、やはり主権維持と軍の主体性の保持であった。

四

中国兵の洋式訓練は非公式には上海で常勝軍によって既に行われていたが、清朝公認の洋式訓練の端緒はロシアによる庫倫でのそれであった。けれどもこれは既述の如く清朝がロシアの誠意を疑い、中途で兵を撤回させ、立ち消えとなった。その後協力政策の名の下に清朝へ梃子入れを行っていたイギリスが秘書官トーマス・ウエードを通じて中国兵の洋式教練を要請してきた。天津洋槍隊の教練がそれである。事の始まりは、一八六二年春、アロー戦争後駐屯していた英仏兵が、一斉に撤退し、天津の防衛が手薄になるので、同港の洋商が潮勇を募り、この空隙を埋めようとしたことに発する。しかし潮勇の横暴は有名で、これに委ねれば、その害図りしれないものがある。そこで清朝はこれに替えて、英国の要請を容れて、外人教官指導下に天津営兵を再訓練し、併せて京師より八旗兵の精鋭を選り抜き再教育して天津の防衛に当らせようとした。練兵費用は、洋商が潮勇を雇うために集めた義捐金や釐金を充当するという案であった。ロシアの練兵失敗の前例があるので、英国の教練も当てにできるものではなかったが、常に防衛体制充分でないことを責められてる清朝としては、これを拒否して、反ってまた英国に口実を与えることになってしまってはと、受入れることにし[45]、とりあえず、京営の火器営、健鋭営、圓明園八旗より各四十名計百二十名と章京六名を天津へ派遣した[46]。イギリスはステーヴリー将軍が指揮をとり、これら京営兵の教練を行った。彼は練兵に大変熱心で、百名程度の教練だけでは飽き足らず、練兵には最低一万人、少くとも五千人必要であると主張して、さらに大沽、天津等の営兵六百名を追加させた。また兵が訓練しても、官が知らなければ、部隊の指揮はできないからと、さらに三百五十名の士官の教練も求めてきた[47]。イギリスはこの天津洋槍隊訓練の一応の成功を足掛りとして、清軍の洋式訓練を上海、福建にも拡充して、清軍の近代化を図り、以て開港場に於ける治安維持と防衛の肩代りをさせようとした。そこでイギリス大使ブルースは恭親王を督励し、防守の策は、中国自ら行うよう努力すべきで、とくに華南の各港に歩兵、火器営を設け、広く糧餉を貯え、兵器を多く用意して練兵を行うよう迫った。必要なら兵器鋳造・管理の技術者を派遣してもよいといい、さらに同国のホープ提督がステーヴリー将軍とともに上海で練兵の意志をもっており、そのために六千名の兵の教練とそれに要する費用百万両を毎年用意するよう勧告してきた。中国側としては、百万両による六千の練兵は経費多額で、上海の海関税をすべてこのためにのみ供し難い。また一挙に六千名の勇の増募は社会的混乱を招き兼ねないとして、これを拒否した。その代替案として、恭親王は上海、福建の二ケ所で天津の洋式教練の法に倣い、正規軍の各営より精兵を選び外国人を招聘して小規模の練兵を行うよう指導した。この正規軍の洋式再訓練は、中国の財力を消耗せずして、しかも外国の献策の誠意を汲まんとする策であった。[48] かくして上海を手始めに福建・寧波・広東など各開港場で、天津の教練を範とする清朝正規軍の洋式教練が形ばかり行われるようになった。

この内上海の練兵は、既に非公式には行われていた。即ち常勝軍のワードの教練がそれである。太平軍の進出で上海近辺が危くなった時、蘇松太兵備道呉煦が各営の兵勇の洋式銃の射撃未熟なのを見て壮丁を選び松江に設局し、ワードを派遣して、洋槍、洋砲を訓練させた。その数は半年にして千二百名となった。[49]ついで江蘇巡撫薛煥もこれに倣い、各営より兵勇を選定派遣し、併せて約三百人の教練が行われた。[50]しかし一八六二年六月における恭親王による各督撫への練兵の要請を受けてからの公式の洋式練兵は、江蘇巡撫が李鴻章に替わってからのことである。早速イギリスが英国海軍提督ホープを通じて同国人による三千人の練兵を要求してきたが、李鴻章は拒否した。再度の強要に結局、旧薛煥の部隊から一千人をおくり松江で訓練させたが、子飼いの淮軍からは一兵たりとも出さなかった。ついでフランスも同じ要求を出してきた。そこで按察使、布政使と相談し六百名を当地の練勇から出し徐家匯で訓練させた。[51]これはいわば英仏軍による代練であり、主導権が向う側にあったので受入れなかったのである。但し李鴻章としては個人的には洋将を雇い淮軍を教練させ、部隊の洋式化を図っている。[52]

広州では、総理衙門恭親王の咨を受けて、香港より英国士官四名兵四十二名を招き、一八六二年八月から駐防八旗兵二百名、緑営兵二百五十名が省城北門内の撫標校場で教練を受けた。[53]十二月にはさらに八旗兵百名、緑営兵二百十名が追加された。ついで一八六三年には、フランスが練兵を求めてきたので、前後三百名の八旗兵を選びフランスの士官一名と兵十五名の教練を受けさせた。[54]フランスの教練は一八六四年六月まで、[55]イギリスの練兵は一八六六年二月まで行われた。[56]

福建では、南京陥落後の一八六四年九月末太平軍の残党が漳州府城を占領、ついで廈門、泉州を窺う事態が起ったとき、巡撫の要請で四十名の精兵をフランス士官が二ケ月訓練した後、さらに六十名追加して百名で廈門防衛に出動させた。[57] 一八六五年四月には、漳州が旧に復していないことを理由に、福州税務司美理登（Meritens）の要請でフランス士官を別に二十名雇い、緑営兵七百名の教練が二ケ月間行われた。五月には、福州イギリス領事が総理衙門の洋式練兵通達を根拠として練兵を求めてきたので、八旗兵三百名を、香港から調した同国参将（中佐）一名、兵三名の指揮の下に教練させた。[58]

武漢では、一八六六年、洋槍隊五百名、洋炮隊三百名を招募し、先鋒営なるものを編成し。武昌城外塘角地方で、江漢関税務司日意格（Giquel. Prosper）の教練を受けさせた。彼が福建の船廠監督で任を離れたあと、フランスの都司（太尉）馬定（Martin）がその後を受け継いだ。一八六七年には、緑営壮丁五百名を選び先鋒営に合流させた。かくて前後三年間教練が行われた。一八六七年春捻軍が迫ったとき各要衝の防衛に当ったのはこれら先鋒営であった。[59]

ところで、このような洋式練兵の開始に当って、清朝政府が最も意を払ったことは、教練の主導権を清側にいかに確保するかということであった。たとい外国の士官の訓練を受けたとしても、戦闘時の兵士の指揮・統率権はあくまでも清側の士官に掌握させようとした。[60]しかし一八六二年の清政府による西洋諸国の軍事援助の受入れ以来、上海・寧波を中心に清軍の応援に当った洋式部隊は、なかなか清朝の統制に従わなかった。ワードの常勝軍や寧波の緑頭勇などは兵士の殆どは中国人で編成されているにも関らず、独立不羈の精神に富み、清朝に対し、傲慢で不遜であった。この内、常勝軍は、太平軍の第一次攻撃で、松江陥落し、上海の危機迫った一八六〇年、上海の紳商楊坊に見出され、雇われた米人ワードらによって編成された傭兵部隊である。楊坊は洋人相手の商売で巨富をなし、買官によって候補道の地位を得た人物で、太平軍の進出によって脅かされた商港上海の防御を焦眉の急とする商紳層の意識を代表し、それら愛国商人組合の義捐金によってこの軍隊を養った。[61]その他釐金税や江海関税もつぎ込まれた。[62]資金の算段は楊坊が行っていたが、職務上、海関税などを利用しうる地位にあった。常勝軍は、形の上では、江蘇巡撫薛煥の任命により、蘇松太道呉煦が上にあって、これを監督統率し、その下でワードと楊坊が合同して統率にあたることになっていた。[63]しかし実際は、中国側の統制や監督を越えて独り歩きしがちであった。兵員は初め二百名にすぎなかったが、[64]名声があがって膨れあがり一八六二年一月には千二百名、[65]江蘇各営から派遣された兵勇や呉煦の増募した勇などが続々と送りこまれ、同三月には三千人、[66]同八月には四千五百人余と膨脹した。[67]呉煦、楊坊などもこれを抑えることができず、勝手に増募が行われ、兵餉を始め、兵器、火薬などの経費は官軍の数倍に上り、長夫、砲艦の費用だけで七、八万両に達した[68]。しかも巡撫薛煥の報告によれば、ワードは日に日に驕り高ぶり、常勝軍を私兵と見做し、その進退にも自分の主張を通し、中国官軍の命令一下すぐ行動せず、戦うごとに必ず重賞を求めた[69]。またアメリカの国籍を離れ中国に帰化するとき、中国の服色に更易せんことを願っておきながら、その後、清朝政府から四品の武職翎頂を賞給され[70]副将銜を与えられるなど恩典に浴しているにも関らず、中国の服色に改めず、また弁髪を拒否し、中国の統制に従おうとしなかった[71]。

一方寧波に派遣された常勝軍の分遣隊は緑頭勇と言われ、初めは二百名であったが、その後千二百名になり、ワードの死後はフォレスターの統率に帰し、やはり中国から口糧の支給を受けているにも関らず勝手に増募を行い千九百名に膨れ上った。その上無頼の者多く、横暴でたびたび事を起していた。一八六二年九月には官銀を略奪する行為を働いて中国当局を悩ませた[72]。巡撫が李鴻章に替わると、彼はこれまでの呉煦、楊坊など買弁的官僚と異って、このように、いわば放置された常勝軍に対し統制を加え、中国側の主導権を回復しようとした。偶々ワードが戦死し、その遺言を重んじて、副官のバージェヴィンがその後を継いだが、南京への動員命令に応ぜず、加うるに松江の兵営を改造し、部下を昇級させるなど乱費を重ねたため、出資者の中国商人が財布の紐をしめだし、常勝軍の経費の支払いが滞りがちになったのを怒ったバージェヴィンは、楊坊を殴り倒し四万両の銀を奪うという事件を起こした[73]。李鴻章は、イギリスのステーヴリー提督と商議してバージェヴィンを免職させるとともに、未払金を支払い、今後常勝軍の経費を国庫負担にすることを約束し、兵の不満を鎮めたが[74]、これを機会に常勝軍の改革にのり出し、同提督と甲論乙駁の末、兵員を三千人に減らし、冗員を削減し、憲兵司令官並びに兵姑部主計官に中国人を任命すること、軍隊の指揮は中英各一名の指揮官の合議の上なされるが、軍並びに指揮宮は最終的には李鴻章の統轄下におくことなど十六ケ条の協定を成立させ、常勝軍に対する巡撫の大幅な指導、監督権獲得に成功した[75]。

この上海の常勝軍における苦い経験から清朝は、とくに洋人の練兵には極めて警戒的になった。李鴻章の報告から恭親王は外国人による中国兵の教練の問題点は、演習の時ではなく、実は敵に臨んで指揮する時にあると考えた。中国兵が弱く頼みにならない現状では、自強の計を為すには、洋人の力をかりて兵の訓練をせざるを得ず、また地方の防衛にも洋人の力を軽視するわけにはいかなくなっているが、ただ洋人による教練は、同時に洋人に指揮統率させることであり、それは洋人が教習の任に当ると同時に、統帥権をもつ結果になりがちである。かくしていざ出陣となれば中国兵は彼らの掣肘を免れえない。この事態を避けるには、練兵・操練は中国官弁の統率下におくこと、進撃もまた中国士官の号令、指揮下におくこととしかないが、我が国には洋式操練を知る士官は少い。となれば暫らくは、洋人を用いざるを得ないが、その際兵士の訓練よりもさしあたり士官の訓練（練将）の方が、大事である。練将よく行われれば、将来中国の将を以て中国の兵を統率すること可能になる。そうすれば洋人に暫らく教習の労をとらせたとしても教習の任にとどまり、統師の権を分たなくてすみ、問題も起らない。[76]またそうした方が練兵費用も節約できるからである。[77]

かくてこの恭親王の上奏を受けて一八六二年九月の上諭で、帝は、曾國藩、薛煥、李鴻章、左宗棠など江浙督撫に布告して、都司以下の武官から有能な士官を選び上海寧波などで外国兵法を学ばせること、さらに副将、参将等の大員にこれを統べさせ、教練の外国武官と共同して訓練を行うよう督令した。[78]なお洋式練兵の教官に洋人を用いることは、できれば避けたいが、不可能な場合は、必ず中国官僚の節制を受けさせ、教師として雇うにとどめること。[79]従って、将弁の教練、成果上り次第、教官の外国武官は外国公使に照会して引き取らせ、以て練兵部隊の指揮命令系統の一本化を心掛けるよう注意を与えた。[80]以後沿海地方の洋式操練はこの方針に従って行われた。西洋諸国の内フランスなどは、早くも中国政府のこのような意を体して、寧波に於て教練に当っていた同国士官に、中国の職任を受けさせたいと照会してきた。当時寧波では、太平軍との攻防戦のさなかで、その任にあたるべき中国の兵勇殆どなかったので、ワードの成功に刺激されたフランスが、中国兵を教練し、仏清混成軍を編成、同地の攻防に従事させていた。[81]この時、海関税務司ジケル（Prosper. Giquel）と並んで中国兵丁千五百名を洋槍隊として訓練し、寧波の商民の評判もよかったのはフランス海軍のル・ブルトン（Breton de Caligny）であった。フランス公使、哥士耆（Kleczkowski Michel-Alexandre）から、彼を暫らく本国海軍の参将（中将）の職から離任させて、中国の官職に就かせ中国官僚の節制を受けさせたいと申出てきたので、清朝はブルトンを浙江総兵と為し、浙江巡撫及び寧波道の節制下におき、中国法に従わせることにした。[82]

寧波に続いて練兵より練将を優先する清朝の練兵策をいち早く採り入れ洋式教練を行ったのは広東であった。同地では、既述したように一八六二年九月から英国武官四名、兵士四十二名が香港より来省し、省城で洋式操練が行われていたが、第一陣としては、駐防八旗兵二百名に対し、防禦、驍騎校等の士官八名と別に佐領二名、督撫提標などから緑営兵二百五十名に対し、把総、外委などの武官十名と都司一名が派遣され、これに参加した。[83]同十二月からは第二陣として、駐防八旗兵百名と驍騎校二名、緑営兵三百十名と都、守、千、把等武官十名が増員され、撫標校場で演習が行われた。[84]一八六三年には、イギリスとは別にフランス領事の要請で行われた同国武官一名兵士十五名による演習には、旗兵三百名に対し、旗官六名が参加した[85]。福建では、一八六五年二月から福州口税務司美理登（Meritens, Baron de）の要請を受け前年度の百名の練兵に引続く第二次練兵に於て、緑営兵七百名に対し営弁十二名、八旗兵三百名に対し協領二名、佐領二名、防禦、驍騎校等の武官六名を派遣し、武官同道で香港から招いた英国武官の指導する教練に参加させた[86]。

開港地における以上のような練兵で清朝が意図したのは、外国武官に中国軍隊を指揮させないで以て西洋の技術的優秀性から利益を得ようとしたことである[87]。またそれは王朝側の主導する洋務運動の一環でもあった。しかしながら、他面に於てこうした洋式練兵は清朝からすれば、あくまで外国の発意、教唆で始まったものであったことを忘れてはならない。清朝自体は外国の侵略的底意を警戒して消極的であった。結果的には英国公使の意に逆わないようにその提案を一応受入れた[88]が、それは、どこまでも外国を懐柔する羈縻政策の一つとしてなされたものにすぎなかった。清朝は、西洋諸国の協力政策による練兵を主とする軍事援助を渋々受入れたが、それは上海などごく一部の開港地に限定されるべきで、清朝国家の支えとなり、信頼をおかれるべきは内陸の中国官僚の統率する中国固有の軍隊であった[89]。従ってこれらの軍隊を外国の使嗾や主導によらずに中国官僚の指導の下に改革する必要に迫られていた。

その点については、地方の督撫勢力も考えの上では軌を一にしていた。江南の実力督撫の一人李鴻章などはその典型であった。彼は英国の要請による練兵に対しては、既述の如く儀礼的に一部の傍系の兵を送ったのみであった。また上海の商紳階層の要請によって編成された常勝軍や上海の英仏当局と中国商紳層の協議により上海防衛のため設立された会防公所（会防局）などは、太平天国の動乱の収束と共に・前者は解散を[90]、後者は閉鎖を断行した[91]。これらの軍隊は、何れも西洋列強の息がかかり、中国側が統帥権を確保し難い軍隊であったからである。その一方では、自己の直属下の勇兵・淮軍の強化と洋式化にのり出していることに注目せねばならない。一八六二年十一月以来、李鴻章は解散した常勝軍の将校の中から、或いはゴルドンの紹介などによって個別に洋将を二十名近く雇い、本格的に洋槍の教習と洋式改編を行い・自強軍の建設にこれつとめているが[92]、ここでは詳述しない。この淮軍が太平天国並びに捻軍平定後の清朝防衛のかなめになったことは言うまでもない[93]。

ところでかかる督撫勢力の強兵策と勇軍の自強化に対して清朝中央政府も、首都並びに畿輔防衛のため独自の強兵、練兵を模索した。その具体的実践が神器営の創設であり，直隷練軍の編成であった。

神器営は一八六一年設立され[94]、禁旅八旗の各営より精鋭なる兵を引抜いて再編成し、洋式訓練を施したものである。これより先、京師の武備を充実させるため、王大臣を簡派し旗兵を操演すべきことが、王侯や京官によって盛んに奏せられていたが[95]、とくに恭親王と並ぶ中興政治の推進者たる文祥が近代的火器を使用しての八旗の再訓練を唱道し[96]、実現をみたものである・当初・両翼護軍営・圓明園護軍営・健鋭営、外火器営、満蒙驍騎営、漢軍槍営、籐牌営、礮営など各営より一万名の兵を調した[97]。その後毎年のように増員して二万名近くまでとなり[98]、旧設の健鋭営、火器の諸営、尽くこれに隷するようになった[99]。創立の年から三国通商大臣崇厚の管轄下、既述のイギリス士官の指導で始まった天津での演習に参加し、洋式の訓練を受けた。同年火器営、健鋭営、圓明園八旗など三営から選り抜いた百二十名、続いて八旗官軍から三百六十名の歩兵と士官が槍砲の教練を受け[100]、一八六四年に帰営した[101]。その後引き続き一八六五年に威遠隊の五百名、一八六七年に圓明園八旗より選抜兵五百名が馬兵として訓練を受け、馬上に於ける洋槍の技能を積み、帰営後、その法を推し広げ伝習しあった[102]。同治中興の兵制改革の特徴は西洋よりもむしろ満州や蒙古に依拠して、騎兵に力点がおかれ大幅に増加されたことである[103]。神器営も当初は千五百名、その後の増員も馬兵が多かった[104]。なお王公が管理大臣となり、創設当初は醇郡王奕譞が任命され、侍郎文祥、都統瑞麟等が管理に当った[105]。神機営は外夷の侵寇を防御するほどの力量はなく、直接には北京、南満州、御陵の防衛をめざして設立されたものであり、[106]一八六五年から一八七〇年にかけて、満州馬賊の掃討に動員され、捻軍の北上に対し首都防衛に従事するなど、直隷、南満州の防衛にある程度の役割も果した。[107]

畿輔の防衛に関わる新編成の精鋭軍として設立された神器営が、京師の八旗兵を再編成したものであったのに対し、練軍は直隷の緑営兵の選抜再編成を意図したものであった。もっとも北京政府と京師を防衛する漢人軍隊としては、この経制兵の抽出練兵に対して、新規に勇を募って新軍を編成すべしという意見もあった。その代表が、江蘇巡撫から礼部左侍郎となった薛煥のそれである。彼は直隷と帝都防衛のため四鎮を設け、四万の練兵と神器営二万名増員を提案した。[108]しかし勇軍の増設は、財政面と社会的影響の大きさから問題が多かった。一つは既存の緑営、八旗、勇軍でさえ欠餉が続いているのに、新たに二百四十万余両もの兵餉を捻出する見込みが全くないという財政窮迫状況、勇兵は農村から採用する素人の兵士であり野性味溢れ統制し難く、既設の勇軍は将官との恩誼で結合させることによって辛じて紀律を維持しているが、その殆どが無頼遊民の拠点と化している現状から考えて、兵員数が四万ともなれば将官の統制及ばず雑多な分子が集って社会的問題を起し易い。それよりも既存の経制兵を整理し再編成する方が現実的である。[109]両広総督毛鴻賓のこのような反対意見があって、結局、京師における大規模な勇営の増設は見合わせることになるが、同治帝はこれらの提案を参考にして、直隷総督劉長佑に直隷防衛の新軍の編成を命じた。[110] 劉長佑は、直隷緑営の各営から抽練すると同時に併せて勇を酌募して補うという原則の下に、緑営各営から歩兵一万二千五百人、馬兵二千五百人を選抜し、歩兵二千五百人、馬兵五百人で一軍、計五軍、別に勇五千人を湖南で召募し、或いは既存の直隷の勇から挑選して二軍計七軍を組織し、省城で訓練、訓練なれば、省城、河間、正定、大名、威県、宣化、天津に分駐させるという案を立て、一八六三年実施に移された。[111] しかし資金源として各省に割当てた協餉の送銀、寥寥として集まらず、二万人の練兵の内、前後して抽練したのは僅か八千十名にとどまった。[112] その上充分に訓練成る前に甘粛など辺境防衛に動員されたため、定期的操練不可能となり[113]練兵は効果が上らなかった。かくして三年後の一八六六年恭親王の指弾を受けて、計画の再検討がなされ、同王の意見により歩兵二千、馬兵五百で一軍とする六軍編成計一万五千人の練兵案に縮小され[114]、戸部兵部の会議で練兵章程十七条としてまとめられた。[115] この六軍は劉長佑の七軍が抽練、操演の後は、原営に戻るという編制をとったため、緑営の制から脱皮できなかったのに対し、駐屯地で操練を受けた後は原営に復帰せず、独立の一軍をなした点に特色があり、ここに至って緑営から独立して練軍なる名称が与えられた。[116] しかしこの六軍の練兵始まる前に、劉長佑が塩匪討伐失敗の責めを負って革職され[117]、一八六八年曾國藩が直隷総督としてその任を引き継ぐこととなった。曾國藩は京以北に二軍、京以南に二軍配置する予定で、三千人を以て一軍とする四軍編成を骨子とする一万二千名の練兵を計画し、当面歩兵三千人六営、馬兵千人四営で訓練を開始した[118]。曽国藩は総督就任直後、従来の錬軍も改革すべき側面として、一、文法を簡単にすべきこと、二、事権宜しく専とすべきこと、三、情意宜しく和合させるべきことの三点を挙げ、とくに二と三に於て、湘軍でとられた勇営の制度を採り入れるべきことを説いた[119]。既に劉長佑の練軍に於て南方の勇営制度を参考にした営制を組織しているが、彼はそれを一層拡充しようとしたのである。しかしながら曽國藩も一八七〇年天津教案の後、両江総督に転じたので、直隷練軍の練兵は最終的には、新任直隷総督李鴻章に委ねられることとなった。彼は子飼いの勇軍である淮軍を以て直隷防衛の主力とすると同時に練軍の整備にも力を入れ洋槍を配備し同軍に初めて洋式操練を施した[120]。練軍は営制と兵餉は、勇軍の制度に学び、とくに後者は湘軍や淮軍に倣って豊潤であった。従って緑営よりは訓練を積み、緑営のように各郷村に散在させず[121]、戦略的要衝にのみ配置された。また、その編成原理は勇軍から借りたにも関らず、練軍は基本的には緑営兵制の一部であり、清朝は勇軍に対するよりは大きな支配力をもつことができた[122]。なお練軍による直隷防衛は、淮軍（淮勇）と共同で行われたが[123]、兵力としては、結局勇軍の補助たる域を出なかった。

ともあれ、神器営の創設と直隷練軍の編成は、北京政府の行った自強政策の一環に位置づけられるものであった。[124]が、太平天国とアロー戦争を契機とする清朝中央政府の威信低下、とりわけ、各督撫へ就地籌餉の権限賦与による財政権兵権の地方分散、[125]その結果としての籌餉難など、客観情勢が清朝に不利に作用し、所期の目的を達成できなかったが、北京政府の自強の意図は、主観的には相当強いものがあったことを忘れてはならない。

五

アロー戦争後、中央では、北京政府の実権を握った恭親王政権、地方では、太平天国討伐の主力となった曾國藩、李鴻章、左宗棠などの漢人督撫によって行われた所謂『洋務』はその本質に於て、買弁的＝反民族的であるとか、中国の植民地化、民族的隷属化を推し進めたとか、従来、一般的に言われてきたが、[126]それは洋務の後期、光緒年間に至って顕著になることで、結果としては、そうであっても、当初から、そうした方向を意識していたわけではない。洋務派の初期の活動に於ては、むしろ植民地化を警戒し、国権維持に必要以上に神経を払った。もちろん、それは近代的な国民的基盤に立った国権防衛とは言い難く、旧態依然たる天朝国家体制の維持の観念に支えられていたという限定つきではあるが。本論は、そうした洋務運動の一側面を同治初期に於ける清朝の行った軍の再編・練兵に焦点をあてて若干考察してみたものである。

（中嶋敏先生古希記念論集 一九八〇年）

註

1 『籌辦夷務始末』同治朝（以下夷務、同治と略す）巻四十八 一頁 総理各国事務恭親王等奏。

2 夷務、同治、巻二十五 一頁 恭親王等奏。

3 『光緒朝東華録』光緒十一年八月庚寅 卞寶第奏。

4 夷務・成豊 巻七十 十七頁 漕運総督袁甲三奏。

5 板野正高『近代中国政治外交史』第八章

6 Further Papers relating to the rebellion in China, with an Appendix (Presented to both Houses of Parliament 1863), No.6, Mr Bruce to Earl Russel, Peking, May 8, 1862, p. 7.
……漢口や九江に於ける行動から見て、郷勇とは共同行動をとれない。上海で外国軍が清軍と協力しているその時に、外国人に暴行し悔辱を加えた。彼らは清朝を無視して無法である。……条約港で中国人と外国人とを保護するために必要な条件は、秩序ある軍を早く編成することである。……Ibid., No. 61, pp.82~83, Peking, November 22, 1862.

7 註6並びに板野正高「中国外交史研究」二八三~二八五頁など。

8 夷務、咸豊 巻六十九 二十一頁~二十三頁、二十八頁~三十一頁。
欽差大臣恭親王、大学士桂良戸部左侍郎文祥奏。

9 夷務、咸豊、巻七十二 十一頁 恭親王等奏。

10 夷務、咸豊、巻二十七 七頁、巻七十七 二十三頁。
査俄国呈送槍砲、原以咸豊八年暎咈兩國初至天津時、俄国聲稱 願爲中国調處可以無事、其時黒龍江将軍、因俄人在邊界要挾黒龍江左岸地方、該将軍萬不得巳、允其所請、拠情入奏、乃嗣因暎咈各國事務雖定、而俄国並未出力、該國自悦不能實如其言、是以允送槍砲、籍釋不能践言之慚、……

夷務、咸豊巻二十七　三十三頁～三十四頁。

初め清朝側に受入れの用意があったが、交渉に当った粛順が峻拒したという。（板野正高　総理衛門の設立過程　四十一頁『近代中国研究』第一輯）。或は一説には、当時清朝と交戦中であった英仏に遠慮してロシアの方で案を引込めたともいう（呉煦档案中的太平天国史料選輯　二四五頁　會防局譯報選輯　同治元年九月十七日呈）

11 板野正高　前掲書　四十一頁。

12 夷務、咸豊、巻七十五　十九頁～二十頁。

13 中国科学院近代史研究所編、中国近代史資料叢刊『洋務運動』（以下『洋務運動』と略す）　第三冊四四六頁～四四八頁、夷務、咸豊　巻七十五　十九頁～二十頁。夷務、同治　巻十　三十九頁～四十頁。

14 夷務、同治、巻三六頁～七頁。夷務、同治　巻三　二十三頁～二十六頁　色克通額等奏。

15 王爾敏「練軍の起源とその意義」（『大陸雑誌』三十四の六）。

M. c. Wright. The Last Stand of Chinese Conservatism, p. 217.

16 夷務　咸豊、巻六十八　一頁　恭親王等奏。

17 板野氏によればむしろ恭親王の方から外国側の援助の可能性につき打診を試みてきたという（板野正高　前掲書　四十二～四十三頁）

18 夷務、咸豊巻六十九　二十九～三十一頁

……至江蘇爲財賦之塵、地方糜爛幾偏、兵力不敷勦辦、如逆匪一日不平、非獨地方不能完善、即欲制禦外侮、亦属力有不逮、……如借夷兵之力、駆除逆賊、則我之元気漸復、而彼勝則、不免折捐、敗則亦足消其桀驁之氣、但恐該夷所貪在利、籍口協同勦賊　肆其狼貪豕突之心、則有害無利。……

19 夷務　咸豊　巻七十一　一頁～三頁。

……外夷所貪在利、兵費必鉅、然江蘇南北糧臺支放軍餉、従前毎年約用銀一千餘萬兩、時歴八年、而金陵迄未攻抜、是俄佛兵費雖鉅、若地方早得、粛清則所省轉不可勝計。……

20 夷務、咸豊巻七十、十八頁～二十頁。

……今該夷酋、請我軍由陸路進勦、該國撥兵三四百名、在水路會撃　以毎船敷十人計之、夷船不過数隻、而謂必可

得手、……幸而戦勝、則衿功要挾、所求無厭、不幸而偶有小挫、或船隻損壊、或兵丁傷亡、勒索賠償
夷務、咸豊巻七十一　三十四頁～三十七頁
……査江游兩省、半多倫陥、餉源已無可籌、而南北爾糧壅、伽不能不設、若町加夷兵鈍款、従何欝絀、況粛清晒無把握、而可端中国以飽外夷乎、……今遽謂能先取金陵、廓清江路、未免雷之太易、且縦能掃清江面、而夷人惟利是視、必將把持壟斷、肯令中國収長江之利乎、……

21 夷務、咸豊巻七十一九頁～十二頁、曾文正公奏稿巻二覆陳洋人助勦及採米運津摺。
……惟長江二千餘里、上游安慶蕪湖等處、有楊載福彰玉麟之水師、下游楊州鎮江等處、有呉全羊李徳麟之水師、……是皖呉官軍之単薄、在陸而不在水、金陵髪逆之横行、亦在陸而不在水、此時我之陸軍、勢不能遽進金陵、若俄夷兵船即由海口上駛亦未能遂収夾撃之效、應請飭下王大臣等、傅諭該夷酋、奨其效順之忱、緩其會師之期、俟陸軍克復皖浙、蘇常各郡後、再由統兵大臣、約會該酋、派船助勦……自古外夷之助中國、成功之後、毎多意外要求、彼時操縱失宜、或到別開嫌隙。……

22 夷務　咸豊　巻七十一　十二頁～十三頁。
……袁甲三謂借夷勦賊、有害無理　自是正論　但拒之太甚、轉啓該酋疑慮、果能因勢利導　操縱在我、於軍務漕運、不無稗益、曾国藩所奏、俟官軍陸路得手、再約其水路會勦、似尚可行。……

23 夷務　咸豊　巻七十二　九頁～十頁。
……借夷勦賊、流弊滋多、自不可貪目前之利、而貽無窮之患、惟此時初與換約、拒絶過甚、又恐夷性猜疑、轉生叵測、惟有告以中國兵力、足敷勦辨、將来如有相資之日、再當借助以示羈縻……

24 夷務　咸豊　巻七十二　四頁～五頁。
……該酋始吐實語、謂勦賊本係中国應辦事件、若借助他人、不占踞地方、於彼何利、非獨俄佛克復城池、不肯讓出、即暎國得之、亦不敢謂必不去據為己有、因舉該夷攻奪印度之事為證。

25 范文瀾　中国近代史　上冊一九三頁～一九四頁。なおロシアは二年後の一八六二年にも同国艦隊の来援について清朝の諒解を求めてきたが、同じく曾國藩、李鴻章など沿海督撫勢力の反対にあい、その援助は実現しなかった。（植田捷雄『太平乱と外国（三）』国家学会雑誌六十三の一・二・三）

26 夷務、咸豊、巻七十一　一頁～二頁。

27 夷務同治、巻三　四十七～四十八頁、岡巻四　一頁～二頁。

28 曾文正公奏稿　巻三　議覆借洋兵勦賊片　同治元年正月二十二日。

29 註19に同じ

30 夷務　同治　巻六　十三頁～十四頁。

本年二月該省紳士刑部郎中播曾瑋復航海來京、赴臣衙門面訴、當時臣等以爲可籍外國防守海口、不可使其進勦内地、即經函知曾國藩、歴述可慮者数端、縁外国軍令最速、我兵恐不能如其迅捷、致爲所笑一也、外國雖不須内地備餉、不能不資我接濟、我軍能否源源備解殊不可侍、二也、外國人性急且恐乗勝追攻、不知與中國共謀萬全、致有挫、三也、外國止可進攻、不能代守、將來克復各城、萬一我軍不能固守、必致得而復失、徒營無功、四也

31 夷務、同治、巻三十五頁～三十六頁。

……原以該紳士等未能悉洋人性情、恐一時冒昧圖功、致多窒擬、……該紳士潘曾瑋等迫於不得巳、砥計目前之利、米遑計及後患、……

32 曾文正公奏稿　巻三　議覆借洋兵勦賊片　同治元年正月二十二日。

……臣之愚見、借洋兵以助守上海、共保華洋人之財則可、借洋兵以助勦蘇州、代復中国之彊土則不可……

33 曾文正公奏稿　巻三　籌議借洋兵勦賊摺　同治元年三月二十四日。

……以今日之賊勢、度臣處之兵力、若洋人遽爾進攻金陵蘇常、臣處實無會勦之師、如其克服、亦尚難籌防守之卒、……而臣則當細思事中之曲折、既以借助外国爲深愧、尤以無會兵會勦爲大恥、……

34 植田捷雄『太平乱と外国（二）』国家学会雑誌六十二の十二。

35 小野信爾『李鴻章の登場』東洋史研究十六の二。

36 夷務　同治　巻三　四十七頁～四十九頁、同巻四一頁～二頁　江蘇巡撫薛煥奏。

李文忠公奏稿　巻九　上海裁撤會防局摺。

37 夷務　同治　巻四　二頁～三頁。

……軍務至緊、若必俟総理衙門在京商酌、轉致稽遲、所有借師助勦、即著薛煥會同前次呈請各紳士、與英法兩國迅速籌商、剋日辧理、但於勦賊有裨、朕必不爲遥制、……

38 夷務　同治　巻五　一頁。

……此時在滬洋人、情願幫助官軍助勦並派師船駛往長江、協同防勦等語、洋人性情堅執、若因我兵単薄、借助於彼、勢必多方要挾、今該洋人與逆匪仇隙已成、情願助勦、在我亦不必重拂其意、自應姑允所請、作爲牢籠之計

39 夷務　同治　巻六十四頁。
……各該國在上海攻勦賊匪、業經屢勝、與賊構釁已深、雖未能滅賊、要不生通賊、是以臣等暫且聴具攻勦、未経設法阻止……

40 註34と同じ

41 H. B. Morse, The International Relations of the Chinese Empire, vol 2, chapter IV, §13.

42 夷務 同治 巻五 三十五頁～三十六頁。夷務 同治、巻九 十六頁。
……惟用外國之兵以勦賊、必須聴受中國節制、其所保守地方、仍應中國主持、方爲無弊……

43 夷務、同治、巻四、二十五頁、江蘇巡撫薛煥奏。
……向來外國商民不隷領事者、均帰中國官員管束、華爾曾在該道及美國領事處、明稟願伍中國臣民、更易中國服色……

44 H. B. Morse, op. cit. Chapter V, §21. 夷務、同治、巻二十七　二十七頁　恭親王等奏。
……臣等黙観東南大勢、兵威既振、賊膽已寒、金陵死守孤城、断難久踞、無須再借洋人之力、因持定主見、乗勢與卜魯士言明、金陵不用幫助、當議定撤退常勝軍、専用中国官兵囲勦、

45 『洋務運動』第三冊　四百五十六頁　同治元年九月二十六日　総理各國事務奕訢等奏。
夷務、同治、巻三四十四頁～四十五頁恭親王等奏。

46 『洋務運動』第三冊　四百四十三頁　同治元年正月二十一日総理各国事務奕訢等片。

47 『洋務運動』第三冊　四百四十六頁～四百四十八頁。同治元年三月十五日総理各國事務奕訢等奏。

48 夷務、同治、巻七　三頁～七頁　恭親王等奏、
Further relating to the Rebellion in China (presented to both Houses of Paliament 1862), pp.41-42, Vice Admiral Sir. J. Hope to the Secretary to the Admiralty, shanghae, May 31, 1862.

49 夷務、同治、巻四　二十五頁江蘇巡撫薛煥奏。

50 夷務、同治、巻五　三十四頁 薛煥奏。

51 李文忠公朋僚函稿 巻一 上曾相 同治元年六月二十五日。
昨接恭邸二十五初九日兩次來函、累數千言備述洋酋會商練中國兵用外國法及布置上海城守各事、似皆嘉青退後賊勢方張時議論、恭邸曲體外間情勢艱難委婉周旋、従前何提督等屢以此語商令鴻章派三千人交其訓練始不允、又強要之

則允一千人、法國聞知亦照様請派各営弁勇皆不願、旋與藩臬商、調本地練丁三百餘、現又添三百……

李文忠公朋僚函稿　巻一　上曾相　同治元年八月初四日。

教練一事、城内九畝地派海勇一千、城西徐家滙五百、又添學炸礮隊一百、初議係帰歸我約束、調度弁目皆呉道所派
多未來謁仍歸洋人指調耳……

Mr Bruce to the Prince of Kung, Peking, June 28, 1862, Further Papers Relating to the Rebellion in China With an Appenix, 1863, pp.66-67, Inclosure 1 in No. 44.　李鴻章がイギリスの要請にも関らず、洋式練兵に三百名しか派遣しないことを遺憾としている。

52 王爾敏『淮軍志』百九十五頁〜百九十七頁

53 『洋務運動』第三冊　四百五十九頁〜四百六十二頁、同治元年十一月二十四日　兩廣総督勞崇光奏。同治元年十二月十四日暫署兩廣総督晏端書奏

54 同右、四百六十三頁〜四百六十六頁、同治二年正月二十四日両廣総督劉長佑片。同治二年三月十三日署爾廣総督晏端書片。同治二年九月初七日署両廣総督晏端書奏。

55 同右四百六十八頁〜四百六十九頁　同治三年六月十四日　毛鴻賓　截支法國教練洋槍弁兵經費摺。

56 同右、四百八十一頁　同治五年四月初十日兩廣総督瑞麟等片。

57 同右、四百七十一頁　美理登原函。夷務　同治　巻三十五頁〜六頁。

58 『洋務運動』第三冊　四百七十七頁〜四百七十八頁　同治四年八月初六日左宗棠等奏。四百八十二頁　同治五年五月二十六日　英桂等奏。夷務、同治　巻三十五、二十四頁〜二十六頁、福建將軍英桂　閩浙総督左宗棠、福建巡撫徐宗幹奏。

59 『洋務運動』第三冊　四百九十二頁　同治六年三月十八日　譚廷襄摺。四百九十四頁〜四百九十六頁、同治七年八月十三日郭柏蔭等摺。

60 夷務、同治　巻二十七　二十七頁、恭親王等奏。
……臣等愚見、総以力圖自強爲主、歴於奏片内剴切上陳、誠以借助外洋、本非上策、祇可假教練之名、陰習其法、不可將改勸之權、全授其人、

61 外山軍治『太平天国と上海』一九四七年　高桐書院刊。H. B. Morse, op. cit., vol. 2, chapter IV, ss6. ss7

62 夷務、同治 巻三十六 九頁 暫署爾江総督江蘇巡撫李鴻章奏。

63 外山軍治、前掲書 百七頁。
64 夷務、同治、巻五 三十四頁、江蘇巡撫薛煥奏。
65 夷務、同治、巻四 二十五頁 薛煥奏。
66 註64に同じ
67 夷務、同治、巻九 十三頁 上諭
68 夷務、同治、巻十二 五十三頁 江蘇巡撫李鴻章奏。
69 註64に同じ
70 註43に同じ
71 夷務、同治、巻五 五十一頁~五十二頁、上諭。
72 夷務、同治、巻十 四十一頁~四十二頁、署江蘇巡李鴻章奏。
73 夷務、同治、巻十二 四頁~六頁、李鴻章奏。H. B. Morse, op. cit., vol. 2. p.85.
74 H. B. Morse, op. cit., p.87.
75 Ibid., pp.91-92.
夷務、同治、巻十二 五十三頁~五十五頁、李鴻章奏。
76 夷務、同治、巻十 十三頁~十四頁 総理各國事務恭親王等奏。
……並疊致江蘇巡撫李鴻章、通商大臣薛煥信函、屬以所練之兵、操演歸中國官弁統帯、進勦亦必聽中國號令指揮、方不致滋流弊等因各在案、茲據李鴻章來函、大意以洋人練兵過費、且徴調掣肘、恐將來尾大不掉等因、查該撫函内所稱上海練兵各情、外國人驕蹇性成、不遵約束、久在意計之中、臣等前致李鴻章函内、諄諄以必由中國調遣爲屬者、蓋即有見於此、……今査洋人教練我兵、弊不於演習之時、弊實於臨敵指揮、即爲此軍之將、儻易我國之人爲將、又以素未諳習其法、難以得手、必欲兵將相習、自不得不暫用其人、洋人之驕蹇日形、實爲勢所必至、則中國教演洋槍隊伍、練兵必先練將、實爲此中緊要關鍵、試能練將、則將與兵聯爲一氣、將來即用中國之將、統帯中國之兵、洋人暫爲教演、止膺教習之任、並不分將帥之權、自不至日久弊生、
77 夷務、同治、巻十 十五頁~十六頁。
78 同右
79 夷務、同治、巻十 五十頁、上諭。

80 註77に同じ。

81 H. B. Morse, op. cit., pp.77-79.

82 夷務、同治、巻九　十三頁～十九頁。

83 『洋務運動』第三冊　四百五十九頁～四百六十一頁、同治元年十一月二十四日兩廣総督労崇光奏。

84 同右、四百六十一頁～四百六十二頁　同治元年十二月十四日　暫署兩廣總督晏端書奏。

85 同右、四百六十四頁～四百六十六頁　同治二年三月十三日　署兩廣総督晏端書片、同治二年九月初七日嬰端書奏。

86 同右、四百七十七頁～四百七十八頁　同治四年八月初六日　左宗棠等摺。四百八十二頁　同治五年五月二十六日英桂等摺。夷務、同治、二十四頁～二十六頁、英桂、左宗棠等奏。

87 Powell, The Rise of Chinese Military Power 1895-1912, p.40.

88 呉煦檔案中的太平天國史料選輯　二百六十四頁、會防局課報選輯、四月十二日呈。查恭親王起初並不欲西人教華人兵法、後因英公使欲保護通商各口以便外国生意、並申明華兵如肯出力、西兵亦必幫剿髮賊華官才肯答應、……查西人在中華強横、如硬買地畝強折民房等事、恭親王已知西人之性、是以招兵一事、雖不逆公使之意而心亦不願、看來恭親王亦忌西人也、

89 M. C. Wright, op. cit., p.218.

90 夷務、同治、二十三頁～二十七頁江蘇巡撫李鴻章奏。

91 夷務、同治、巻三十八　三十五頁～三十七頁李鴻章奏。

92 王爾敏、前掲書百九十三頁～二百二頁。

93 波多野善大『北洋軍閥の形成過程』河出書房新社刊『中国近代軍閥の研究』所収七十五頁～八十七頁。

94 光緒大清會典事例巻一千一百六十六、一頁、神器營、設官。

95 同右、十七頁左、操演。

96 Arthur W. Hummel, Eminent Chinese of the Ch'ing Period, pp.853-854. Wên hsiang

97 穆宗皇帝實録　巻十二　五十八頁～五十九頁、光緒大清會典事例　巻千一百六十六、四頁兵制。

98 光緒大清會典事例　巻千一百六十六　五頁。

99 清朝続文献通考　巻二百六　九五四八頁。

100 『洋務運動』第三冊　四百四十三頁　同治元年正月二十一日　総理各國事務奕訢等片、四百五十頁　同治元年四月二十

101 六日通商大臣崇厚等片。四百五十一頁　同治元年五月二十四日通商大臣崇厚奏。
102 夷務、同治、巻二十六　四十二頁～四十三頁三口通商大臣兵部左侍郎崇厚奏。
103 『洋務運動』第三冊　四百七十六頁　同治四年七月二十九日　総理神機営事務奕譞等摺。四百九十三頁　同治六年四月初九日　総理各國事務奕訢等摺
104 M. C. Wright. op. cit., p.214.
105 穆宗皇帝實録巻十三、四十七頁～四十八頁。
106 光緒大清会典事例 巻千一百六十六、四頁～六頁。
107 註103に同じ。
108 光緒大清會典事例 巻千一百六十六、三十二頁、征勦、O. Wright. op. cit., p.103. p.106. なお天津洋槍の演習には天津地方の緑営も参加したが、八旗の練兵神機営が京師に調回した後は、天津洋槍隊として、天津の海口の防衛に当った。
109 穆宗皇帝實録 巻六十九 一頁～二頁 同治二年六月丙子朔。
110 毛尚書奏稿、巻十、敬陳管見摺 同治二年八月二日。
111 穆宗皇帝實録 巻七十六 十四頁～十五頁 同治二年八月戊子。
112 劉武愼公全集、巻六 遵籌直隷全局練兵募勇以重畿輔疏 同治二年十月十二日。同、巻六 覆陳練兵募勇疏、同治二年十一月二十四日。
113 同右、巻八　覆陳馬歩兵勇名數片、同治四年三月十二日。
114 同右、巻十一　陳明近年練兵情形疏 同治五年九月二十三日。
115 夷務、同治、巻四十三　七頁～十一頁恭親王等奏。
116 穆宗皇帝實録 巻一百八十三三十一頁～三十二頁、同治五年八月甲寅。
117 王爾敏 前掲論文（註15に同じ）
118 穆宗皇帝實録 巻二百十五　十三頁～十四頁。
119 曾文正公奏稿 巻四　再議練軍事宜摺 同治八年八月二十七日、同巻四 試辯練軍酌定営制摺、同治九年四月十六日。
120 同右、巻四、覆議直隷練軍事宜摺、同治八年五月二十一日。
121 李文忠公奏稿 巻二十　練軍酌添洋鎗教習片 同治十一年十二月十九日。
拙稿『緑営軍と勇軍』木村正雄先生退官記念東洋史論集所収。

122 Powell, op. cit., p.37.

123 李文忠公奏稿 巻四十七　酌裁防勇摺 光緒九年八月十七日。
畿輔重地、幅員遼闊、盗匪出没靡常、東南切近海濱、西北控制邊外、専頼錬軍防勇往来巡輯……

124 夷務、同治、巻四十八　二頁 恭親王等奏。

125 市古宙三『洋務運動と変法運動』「近代中国の政治と社会」所収。

126 芝原拓自、藤田敬一『明治維新と洋務運動』御茶の水書房刊、遠山茂樹、田中正俊『歴史像再構成の課題』所収。

第五章

練軍について

一

同治中興における清朝の行った自強政策は通常、洋務運動として漢人督撫のそれが取上げられるが、北京の中央政府のそれはどうであったろうか。太平天国の革命でその権力が弛緩しつつあった清朝であるが、マイナスの条件の中でどのように国家権力の建て直しを図ろうとしたのであるか。本論では、その一端に迫るべく軍制の改革を俎上にのせ、それがどのようにして着手され、どのようにして不如意に終ったかを若干追究してみたい。

清朝の自強化、とりわけ軍隊の強化は、英仏を中心とする西洋列強から先ず求められていた。英国公使ブルースが「太平乱の波及は諸省に無秩序を生み出した。その欠陥軍事機構の故に、中国政府は暴徒を鎮圧できないでいる。軍事機構の改善なき限り、真の改革はあり得ない。改革を効果あらしむるためには中央政府が帝国軍隊を真に有効な秩序あるものとせねばならない。そしてそれは従来のように地方軍隊に依拠して行うべきではない」[1]と述べているように、彼らは条約で認められた権益を維持するために、各開港場を支配する地方督撫に代って強力な中央政府の出現を期待していた。太平天国とそれに伴う内乱や開港場の騒擾を終息させ得るような力ある政府を求めていた。そのため彼らは清朝を梃子入れし、さまざまな側面から軍再建の手助けを行った。天津洋槍隊の訓練、各開港場において西洋の士官による洋式訓練の開始[2]などはその一つの現れであり、レイ・オズボーン艦隊編成もそのような政策の一環であった。[3]

清朝は表向きはこのような外国の要請を受け容れながらも、軍の近代化に当たっては常にその主導権の確保に神経を使い・洋式訓練も中国武官の統率下におこうとする[4]など、なかなか英仏の主導する強兵策には乗ろうとはしなかった。

その一方、清朝としては外国の使嗾によらずに独自の軍隊を再構築することを検討していた。とくに首都並びに畿輔防衛のための強兵・練兵を模索していた。その一つの現れが神機営の編成であった。これは中興政治の推進者たる文祥が唱道して禁旅八旗の各営より精鋭なる兵一万名を抽出して再編成し、洋式訓練を施したものである。[5]それと平行して清朝は、数の上からは八旗を凌ぐ正規軍たる緑営の再編成を試みようとした。

緑営は白蓮教の乱鎮圧に全く用をなさず、それ以来有名無実となっていた。経制兵が無用になってからは、督撫の編成する義勇軍たる勇軍が内乱鎮圧の主役となり、太平天国もそれによって鎮定された。しかし清朝としては、勇軍を以て自強策の中核とすることは躊躇すべき面があった。それは、いうまでもなく勇軍は事実上督撫の私兵であるということにある。咸豊二年各省在籍紳士に団練の朝命が降って以来、義勇軍の編成に成果をあげたのは、言うまでもなく曾国藩の編成した湘軍であるが、これが在来の経制兵に対し力を発揮できたのは、一つには在地の主従関係で結ばれ、儒教的倫理を紐帯として堅固な私兵集団をなしていたことにある。経制兵が、官は選補により兵は皆土着といわれるように、皇帝独裁の官僚体制の中に組みこまれた軍隊で、将官は上からの任命で土着にあらず、したがって、将兵なじまず、戦闘のつど編成される臨時の軍隊であったのと、よい対照をなしていた。また緑営が広汎な塘汛に散在し、郷村の治安維持にあたっていたのに対し[6]、勇軍は戦略上の要地に集中して駐屯し、即戦力に秀れていた。[7]緑営は召募の法乱れ、将官は機械的に員数を揃えるだけで人材技量を問わなかったので、無頼、遊民などルンペン層や貧農で占められ、給餉が低かったから、兵は小貿傭工を兼ねる者が多かった。これに対し勇軍は、指揮官の責任に於て保証書をとって住所、親属、姓名の確実なものを採用し、給餉も厚く、緑営の月餉の四倍以上に及んだ。上官への昇進も、緑営は終身、一外委への抜擢を求めても得られないのに対し、勇営では督撫の保奏により破格の抜擢も受け、官職を優加される者も多かったので、いきおい軍界をめざす者はみな緑営を避け、勇兵に応募するのが慣しとなった。[8]しかし王朝政府としては勇軍はあくまでも臨時の軍で用兵終れば解散するのがすじ道であり、経制兵無力になった現段階では、やむなくその存続を認めつつも本来は経制兵を強化してこれに替えるのが祖法であったろう。勇軍は臨時の軍であるから経費は正規の予算項目から支出されず、各地方督撫の裁量で、厘金、捐輸、畝捐などの新税源でまかなわれた。しかもこの項目での支出が緑営の正項銭糧からのそれをはるかに上回る大きな額に年々なっていた。中央政府は、元来、正項銭糧による餉銀の配付をコントロールすることによって軍隊を統御していたのであるが、勇兵の餉銀は督撫の設法自弁にまかされていたので、財政面で中央政府から独立しており、従って勇軍は兵部のコントロールできない、事実上督撫の私兵の如き存在に変っていた。[9] そして、これらの地方軍隊を背景に督撫は中央政府に対抗できる大きな政治勢力になりつつあった。そこで、清朝にとっては、これら地方勢力をコントロールすると同時に、他方では首都と中央政府を守る軍隊を建設することが課題となってきた。かくして、ここに清軍の再建のプランとして登場するのが練軍の構想である。練軍とは、疲弊した正規軍緑営兵から精兵を抽出して再編成し、再訓練を施した軍[10]である。

清軍の再建には、さまざまな障害がある。最大の問題は財政の逼迫である。正項銭糧に依拠する財源は緑営への配餉で手一杯であり、それさえ欠配しがちであった。だからといって護餉、押犯、緝捕等の警察任務の中心となっている緑営を解散するには反対論が多かった。これには兵餉の中飽に関係している武官界の圧力があったが、緑営の解散は現実には遊民の大量創出に結果し、治安上からも不可能だった。とすれば新たな財源を求めるしかないが、清朝の威信の低下したこの時期にあって、協餉は期待できず、厘金や関税などの新税に頼るとしても、それらを賦課できる富裕な地は有力督撫に抑えられていた。従って新兵を徴募し、清朝直轄下の勇軍を編成することは財政的に困難であった。そうすると、清朝独自の強兵策として残された道は、既存の軍から精兵をピックアップし再訓練することしかなかったといえよう。

二

そもそも練軍の議が起ったのは同治元年（一八六二）のことで、江西巡撫沈保楨が先鞭をつけた。江西省は、太平軍の侵入に対し、これまで湘軍の力を借りて討伐を行っていたが、在地の官紳の間に他省の兵を借りずに、自前で郷土の兵を養い防衛に当らせようという声が上がり、これを受けて沈保楨は、全省の緑営兵について老弱兵を整理し、精鋭兵を増補し二班編成にして、一班は省城や両鎮に集めて教練し、一班は本営に留め治安維持に当らしめ、半年で交代させる。省城に赴き教練を受ける兵には旧兵餉の他に練費を支給するという案を立てた。この案は皇帝から、兵を使わず、金のかかる勇を専ら用いるのは近頃困った流行であるが、その中で沈保楨の案は利弊をよく見極めたもので出色であると称揚されている。[11]

北京政府による練軍の議は、同治二年（一八六三）五月署礼部左侍郎薛煥により初めて主張された。薛煥は咸豊七年（一八五七）蘇松太道に始まり、五口通商大臣に終るまで西洋諸国との外交の衝に当っており、同時に常勝軍などの洋人の練兵にも与り、対外交渉の経験豊かさをかわれて同治二年中央政府に抜擢され、総理衙門の顧問的立場にあった。[12]彼は総理衙門が西洋諸国とただ口舌のみで争い勝つことしか考えず、自強の術を求めないことに警告を与え、直隷並びに京師防衛のために四鎮を設け、新たに四万の練兵と神機営の二万増員を提案した。その費用は十八省の督撫・藩司が協力して捻出するというものだった。この案は戸部の議奏を経て各省督撫に諮られたが、[13]八月直ちに両広総督毛鴻賓に批判された。募兵による官軍の編成は、太平天国の鎮圧で名を挙げた湘軍以来、督撫の軍隊として盛んに行われるようになったが、郷党の私的な人脈を基軸とするものである故、湘軍や淮軍のように将領に人を得て組織化に成功すれば有効であるが、そうでない場合は無頼や徒党の軍に堕し易く、その点を毛鴻賓は衝いた。すなわち四万も兵を募れば、その管理が困難なこと、元来、勇軍は農村から採用する素人の兵士から成り、野性味溢れ組織し難いのを将官との恩誼で結ぶことにより、辛じて紀律を維持しているのに、四万も増兵となれば手が回りかねる。もしそうとなれば、一郷一邑からだけでは足りず、全国から兵を募ることになり、風土、習慣を異にする雑多な分子の寄せ集めになる。

事実、薛煥が先に江蘇巡撫の任にあった時、その統率する勇兵は四万余りであった。しかし、ただ淫掠を事とし、防戦を顧みず、その結果洋人の援助を仰ぐ始末になったではないか。さらに何よりも危惧するのは、各営、各勇とも欠餉が続いているのに、新たに二百四十万両の兵餉をどうやって捻出するかということである。それよりも直隷現有の兵力を再編成する方が現実的である。即ち直隷総督劉長佑をして新募の勇を増員させ、さらに広く将才あるを求めて八旗、緑営兵丁の訓練、老弱兵丁の整理を行わせ、その旧習を改めさせれば、充分その防衛に資するところがあるだろうと。[14]

こうして練軍については二つの意見があったが、最終的にはこれらの案を参考にして具体的な軍の編成作業は直隷総督劉長佑に委ねられ、早急に案を立てるように命ぜられた。[15] 劉長佑は同治二年、捻軍に席捲された直隷を救援するために、南方での軍事的経験をかわれて直隷総督に調補されたもので、楚勇を従えて北上し、[16] 直東交界の軍事掃討を一まず終えた後、軍の再編にのり出した。当時直隷の営務は荒廃し、「収むる所の練勇もまた臨時の召募多し。旗幟分けず、隊伍乱れ易く、鍋帳備わらず、号令斉し難し。故に或いは百人一営となし、或いは二三百人一営と為し、また多きは八九百名。千数百名一営となす者もあり」という有様であった。[17] 兵額は駐防各営を除いて緑営各標は合計して四万余りの兵を抱えていたが、兵餉は欠配続きで将領は勤能なる者鮮なく、虚額も多く、遊手が少なくなかった。こういう不利な条件と財政難の中で立案できたのは、「営兵を抽練し、勇丁を酌募する」の一法のみであった。彼の案は次の如きものであった。即ち直隷各営から精鋭の歩卒一万二千五百人、馬兵二千五百人を揀選し歩兵五百人で一営、五営二千五百人で一軍をつくる。各軍には歩兵の他馬兵五百人を配置し前後左右中の五軍を編成する。さらに、精勇兵五千名を楚勇から或いは直隷省より選び二軍とし併せて七軍編成とする。訓練は省城で行い、訓練成れば、省城・河間・正定・大名・威県・宣化・天津に分駐させる。問題は財源であるが、平時でも歳入不足で外省の協済に二十万両を仰ぐ始末。この上また増兵となれば、八方手を尽さなくてはならない。外省に協済を頼む前に、本省の庫項を整頓し、藩司に命じて州県の虧空を整理させ、さらに商費輻輳する各港に釐損を試辦させるなど、本省内で先ず努力してみる。勿論最も頼みとする所は協餉であるが、どの省も他を顧みる余裕のないのが現状であるから、多く派して徒らにその名あるより少なく派して厳しくその実を責める方が実効ありと考え、広東は釐捐項下より毎月一万両、江蘇・江西・福建・両湖・山東・山西・四川・河南各省は毎月五千両を提銀させる。以上の劉長佑の案に対して寄信上諭は、畿輔防衛のための永久の策なら将弁の増員、兵員の改編について、さらに具体策を示せということであった。そこでこれに答えて劉長佑は、直隷には七標あり、三万余りの兵をそなえているが、戦乱の後で疲弊し軍費も不足しているので、練兵はただ「酌量抽調し、漸を逐って差操」するしか方法がないことを強調し、実施案を上奏した。七軍の七処分駐の実際は、天津鎮標、宣化鎮標、督標、大名鎮標から各々二千五百人を抽練し、それぞれ天津・宣化・省城・大名の一軍とする。正定鎮標は原額の兵員が三千名に満たず、精鋭兵の不足を恐れ、準留の五千の勇丁から千人を選び、併せて正定の一軍とし、河間の一軍は天津鎮所轄の河間協標より五百人を挑選し、勇丁二千と併せて構成する。威県の一軍は専ら勇丁を以てこれに充てる。駐防場所は兵は原汛とし、勇は五百で一隊をつくり、威県・河間・正定付近の州県郷鎮を選んで分駐させるというものであった。次に五百人を以て一営とし、二千五百人を以て一軍としたのは、楚勇の方式を導入したもので、五百人が軍隊としての連携を保つ最小単位と考えたからである。各軍の編成も営官五人をおき、営官の責任に於て兵を選ぶという楚勇方式をとり、こうして各営官が五百人を挑選して一営を構成し、五営二千五百人で一軍を成すというものだが、問題は軍事訓練である。十日に一回の小操は営官駐屯地で行い一月一回の大操は軍の鎮将駐屯地で行うということで緑営のそれと変りばえせず、さらに「無事には、各汛を守り、有事には聚って調にしたがう」ということで、勇丁からの挑選兵は別としてその他の兵は平常は緑営の各汛に所属し、訓練時にのみ五百人一営、二千五百人一軍の練軍の編成をとるということであるから、緑営から完全に独立した新軍隊とは言えなかった。彼の練軍は緑営を「那移したにすぎず」条件整い次第、漸次実現していくための暫定的なものにすぎなかった。しかも、それさえ先ず督標と提標の二ヵ所で抽練してみて、精兵としての効果が上がってから、その余の各標に順次実施していくというものだった。[19]そして実際には、「臣上年営兵一万二千五百名を抽練するを奏請せるも卒に庫款の空虚なるを以て未だ曽つて数の如く抽練せず」[20]と述べているように財政難を理由に練軍は進展しなかった。これには、直隷の実欠武職の多くが軍営にあって回任しておらず、現任の武職は多く揀発人員で、営中の尋常の差務は優れているが、練兵設防等の事には暗く、将に人を得ないことも練兵を阻んでいる一因としている。[21]かくして練軍計画発表から二年後の状況は、二万五千人精兵抽練の予定に対し、前後して抽練したのは僅か八千十名にすぎなかった。各省からの固本協饟の送金寥々たるを停滞の理由としていた。同治四年太平軍捻軍討伐で練軍が始めて起用されるが、調された兵は八千十名の内四千白名であった。[22]このような練軍の停頓に業を煮やしたのは自強政策の推進機関たる総理衙門であった。同治五年に至って、練軍が裁可を得て実施に移されてからすでに三年になるが、少しも成果が上がっていないと恭親王に批判された。抽練の各兵はただ各鎮協営に責令して棟選し団練しただけ。それも僅かに八千余名。上年京の東に馬賊が偶々侵入したが、急であったため兵なく、京営を調派して追討させた。この時、提鎮の統率する兵呼べども至らなかった。練軍に供する各省からの接済餉銀は規定額には及ばないものの三十九万二千両に達しているが、徒費に終ろうとしていると指弾された[23]。劉長佑は弁解して、停滞の責を長期の戦乱による営伍の荒廃と再建の経費の不足に帰した。十数年来の頻繁な征調で、兵器は征兵が帯往してその八、九割は欠け、固本餉銀の入るのをまって少しずつ整備している。合軍駐操（合同演習）は装備不揃いと緑営の兵制に矛盾してうまくいかず、簡明図説を配布し、各標の営ごとに分割訓練し、二ヵ月に一回合操するだけにとどまった。しかし訓練も束の間、甘粛への動員で抽出の精兵をそっくり調去され、またやっと整備したばかりの兵器も解交せざるを得なかった。抽練の兵には二割実銀で加給されるが、銀価の下落で生活苦しく、能力ある者は他に就職し、応募する者は半ば皆遊惰のものである。それでもかかる不利な条件の中で、前年秋冬の八千十名についで、ひき続き督標一千五百名、提標一千五百名など合計一万二百名を抽練したが、額に足らず報告しなかったまでのことという[24]。

ここに於て総理衙門は直隷自強の推進官庁として練軍を総督のみに委ねたことを反省して、強力な指導に乗り出す。同治五年七月恭親王は、直隷練軍の再出発を期して劉長佑の直隷七軍を改変して六軍編成の改革案をたて、戸部、兵部にその検討を命じた。劉長佑の七軍と比べて改めた点は、①西南に偏し、東北に疎略だったのを改め、遵化に一軍、易州に一軍、天津に一軍、河間に一軍、古北口に一軍、宣化に一軍の合計六軍とし、東北の辺区駐防に重点を移した。②各標から揀選された兵は、駐屯所で訓練させ、原営に帰伍させず独立させたこと。③各省に餉銀の送付を（練餉という）厳重に求めたことの三点である。防衛の拠点を北へ傾けたのは、東北の馬賊、陝甘の捻や回の反乱に備えたものであろう。軍編成は各軍歩隊二千人、馬隊五百人併せて一万五千人、兵の揀選は各標兵で不足すれば、左右翼九処駐防の中からも行うというものだった。[25]

このような総理衙門の練軍への積極的梃子入れに対し、検討を命ぜられた兵部・戸部の内部では反対論も出た。兵部左侍郎胡家玉や戸部尚書羅惇衍などの意見がそれで、京外の兵を練兵するより生活の困窮している京内の旗緑各営十五万の練兵の方が先決というもので、前者は八旗各営より一万五千人を挑選して三軍編成として練兵を行うことを主張した。[26] しかし戸部兵部の会議の大勢は、練餉を京営に用いれば、直隷六軍の建設が画餅に帰すとして、恭親王の案を支持し、練兵章程十七条をとりまとめた。そしてこれを劉長佑をして必ず実行させることとし、各練営には朝廷から随時大員を派遣して校閲することなどが決定された。[27] 錬兵章程十七条を突きつけられた劉長佑は「推広練章程疏」と「分練六軍請増二軍疏」を上疏し、若干部議の変更を求めた。将領の配置、営務担当文員、将材の養成、駐軍地、軍馬、官弁薪水銀、兵の口糧など多岐に亘るが、大きな変更は六軍に加えてさらに二軍を増やすことである。練軍に抽練されたあとの各標では、書識、匠役、城関、監獄などの差役に従っている者を除いて、後は僅かしか残らず、その結果、保定以南、大名以北の七八百里、また山西・山東の各辺界千里には成営成隊なく、防備空虚になるので、二軍を増設し藩屏としたいという修正案である。[28] 総理衙門の回答は、当初の計画の各軍五営から三営に縮小することで、浮いた餉銀（毎月二万余両）を増設の二軍の練費に充当せよということであったが、劉長佑の縷々たる訴えで兵数削減の困難を認め、原議の六軍と続練の二軍で直隷練軍を再出発させることになった。[29] またこの直隷練軍の武器に供するため、天津機器局が設立された。天津機器局は総理衙門の恭親王の主導の下に立案されたもので、清朝の武器製造所としては江南製造局があったが、一省の弾薬需要に応ずるのが精一杯で、他省にまで手が回りかねるとして、直隷練兵に備えて三口通商大臣崇高に天津における軍器工場建設を指示したのが、その始まりである。江南の洋務に対抗する北京政府の洋務の一環でもあった。[30]

こうして、総理衙門を中核とする北京政府によって拍車をかけられた練軍であったが、練兵の実が充分あがる前に山東省に起った梟匪の直隷席捲に遭遇し、急遽動員された。しかし、これの鎮圧、掃討に力を発揮しえず、劉長佑はその責を負わされ、同治六年十一月革職させられた[21]。革職の理由は、明らかに練兵の遅延も関係しており、恭親王など王大臣の信任を失ったためだといわれている[32]。そして直隷練軍に配付された固本餉銀は、督帯の月糧と委員の薪水などに費やされ、訓練は虚文であり、勦匪の実用に役立たなかったと批判された[33]。

三

直隷練兵のかかる蹉跎は、八旗・緑営の形骸化と相まって、王朝権力の基礎としての軍隊の再建をどうするかという問題以前に、何よりも差し迫って直隷と京師の防衛と安全を如何にして確保するかということを憂慮せしむるに至った。同治七年一月、西捻軍が直隷に入り京師に近づいたが、防備は空白で慌てふためき、各地の勤王軍が十数万馳せ参じて半年の後辛じて平定した。この後、畿輔の安全が真剣に論ぜられるようになった。

先ず鴻臚寺少卿朱学勤から、定期操練不可能になった練軍は暫く停止し、捻の完全平定後、改良策を考えたら如何かの上奏がなされ、ついで安徽巡撫英翰も、大敵と対決したことなく、緊急の時役に立たない練軍は直ちに解散すべきで、それに代って淮・皖・豫の各勇軍より精兵一万八千人を選び、六軍をつくってはどうかと提案した。軍餉はその兵を徴発した省で負担すればよく、別に財源を探さなくともよいので実行可能であると[34]。これに対し李鴻章は「有事の時は勇を募って危急を救い、変に応ずる。無事の時は兵を訓練し、以て弭盗安民に当る。どれも一途に廃止すべきでない」と反論した[35]。この他、捻鎮圧に馳せ参じた都興阿・左宗棠（以上欽差大臣）・官文（直隷総督）・崇厚などの督撫が皇帝の御下問に対し、客軍の長期駐屯は好ましくないこと、練軍を全廃すべきでないことを次々上奏した[36]。官文・都興阿は練軍の保留を主張し、左宗棠や毛熙昶（左都御史）は、劉銘伝を直隷総督にして銘軍と兼轄させよと提案した。大体、国政を主とする者、当然練軍を重視し勇営を畿輔防衛に参与させるのを好まなかったとされる[37]。これらをうけて、神機営王大臣の上奏がなされた。そこでは留勇の弊が縷々説かれ、英翰の留勇駐兵の案は採用しないこと、練軍をおいて他に畿輔の防衛に奇策を求めることはできないことが強調された。練軍は、同治五年総理衙門の指導下に戸部兵部の協議で制度が再発足してから一年、糧餉を備え、兵器をつくり、紮営させ、将領を派遣するなどしだいに体裁を整えてきた矢先、捻匪の直隷侵入があり、急遽練軍を酌調せざるを得ず、或いは卞を守らせ、或いは黄河を防衛させるなど、訓練成る前に徴発された。訓練未完成とはいえ、兵を整理し精兵を選りすぐれば、全く使えない兵ではない。左宗棠は劉長佑の練兵章程は精密で、訓練方式も適切である。ただ将官に人を得ず、戦場未経験の参・遊・都・守がおる。これらをやめさせ、久しく戦陣にあった者から抜擢して、営伍の習気は除かねばならないと奏摺で述べている。李鴻章も立法と用人の二者を改革せねばならないと述べている。どれも重要な指摘である。幸い戦陣経験豊かな曾国藩が、両江総督から直隷総督に調任された。練軍の再建を彼に期待したい。以上の王大臣の上奏[38]に対し、これを是とし、曾国藩をして練兵章程を整頓させ練軍の改革を行わせしむる上諭が下された[39]。こうして直隷の防衛は、淮・皖・豫など華中の勇軍に主力をおこうと考える英翰などの案は、神機営の王大臣ら北京政府やそれを支持する有力督撫の圧力によって葬り去られ、緑営の精選と練兵、練軍の再強化に力点をおく従来の方針が踏襲されることとなった。それと共に、直隷練兵は劉長佑の時代から改めて総帥に曾国藩を迎え、第二の改革期に入る。

四

曾国藩は同治七年十二月、陛見の際、練兵と吏治の粛正に特に力を入れるよう西太后より督励された。これに応えて曾国藩は馬賊。教匪。塩匪。捻匪・散勇の跳梁する直隷を防衛するためには二万名の兵を要するが、その内一万は目下劉銘伝の淮軍一万余人が張秋に駐屯しているので、李鴻章に請うてこれを当て、その経費は従来通り江南で負担する。この他一万は、直隷練軍を省城に調して合同練習を行うか、あるいは湘・淮軍の制を兼用して北勇を募り訓練するかは着任後充分に調査検討した上で決めたいとした[40]。曾国藩の着任で、直隷防衛における湘・淮系の勇軍の比重は増し、また直隷練軍も勇制の導入により、江南色の濃いものになっていく。彼は同治八年二月直隷総督着任以来、内外の上奏を検討し防衛策を練っていった。諸臣の議は多く練兵を主張し、養勇には反対であった。しかし、養勇は長策ではないけれども、東南では多年勇を募ってきた。その中には良法もありとして、その観点から練軍を批判し改良策を論じた[41]。その論点は次の通りである。

①文法宜しく簡とすべし。

勇丁は衣服は帕首（頭巾）と短衣、樸誠で苦に耐える。現実的で虚文を事とせず、営の規則はただ数条あるのみ。この他別に文告はない、管轄はただ差事のみを論じ、官階をそれほど問題にはしない。濠を掘り、塁を築く仕事はすぐ仕上げる。運米と柴の運搬は午前中で終えてしまう。これに対し、兵は兵籍に編せられて入伍し、伺応差使に追い使われ、儀礼を講求し、一種の官人の気風あり、出征には官車を用い、紮営には民夫を用いる。練軍の条規百五十四条の多きに及び、士大夫と雖も覚えきれない。緑営は、清朝の官僚体制に組みこまれた軍隊として将官の文官化著しく、文官的官場の習気に染まっており、[42] 曾国藩はこの点で勇営の制度を参考にして改革すべきであると主張する。

②事権宜しく専とすべし。

勇軍は一営の権は全て営官にあり、統領と雖も越権できない。一軍の権は全て統領にあり、大帥と雖も越権できない。統領が兵を招き、糧餉を工面し、兵器を整え、将弁を黜陟し、進軍・退却を命ずる。大帥は救援の願いあればこれに応ずるが、決して掣肘するようなことはしない。近年江楚の良将が統領となると、よくその才を発揮し縦横に活躍するのは、みな事権（兵権）が一つの所に集まっているからである。ところがこれに対し、直隷練軍は統領がしばしば更換され、その統率下の営・哨の文武各官もみな総督より派遣され、さらにその下に翼長がいてその任を分担し、上には総督がいて全てを攬する。従って統領には全く兵士の進退や餉項管理の実権はない。これでは一旦戦場に出ても、部下はどうして命をきくであろうか。その上、総理衙門・戸部・兵部が次々とチェックを行う。これではどんな良将と雖もその才能を伸ばすことはできないと。このような緑営の重層的指揮系統は、緑営の前身である明代の軍隊に始まるものであった。そこでは武官の跋扈を防ぐために、実戦に際してはそのつど王侯や政府の重臣を総司令官に任命し、在地の武官を率いるシビリアン・コントロールが徹底して行われた[43]。在地の武官も重層的指揮系統下におかれ、頻繁に調用（任地替え）があり、それは結果的には、君主独裁制を維持し、軍事的封建化を防ぐには効果あったが、軍隊としては一元的指揮命令系統を欠き、有機的に機能しなくなっていた。曾国藩はその点を批判したのであるが、練軍の勇軍化は、まさに明代以来の祖法に逆行するものであった。

③情意宜しく和合させるべし。

勇営の制度では、統領が営官を選び、営官が哨弁を選び、哨弁が什長を選び、什長が勇丁を選ぶ。これを木にたとえれば、統領は根であり、根から幹・枝・葉が生ずる。皆一気に貫通している。従って糧餉は公的な項目より出るが、勇丁は営官による挑選の恩を感じ、皆その私的な恵みを受ける。平日すでに恩誼で相信じあい、戦場に出れば自ら患難相助けあう。これに対し、練軍の兵はその本営と本汛を離れ、新しい哨や隊に調入される。その徴発は多く本営の将官が行い、新しい練隊の営官は兵士の選定を行えない。また別に親兵を優待し健卒を奨抜する権限もなく、上下意隔たり、情意全く相つながらないとその欠陥を指摘する。しかしこれも前項と同じく、明代以来の軍の伝統で、将官の独走を抑え、中央政府のコントロール下におくための配慮からなされたものである。

④冒名頂替の弊

兵丁の常態は糧餉のみでは自活できないので、常に小貿や手芸を兼業して生計の資としている。直隷六軍は、本営から離れて訓練を受ける。その練餉は二両四銭であり、練営で受けとる。その底餉は一両五銭であり、これは本営で受けとる。しかし兵丁は演習による離郷を好まず在地に留まり、他処での演習には練営附近の人を雇って点呼と演習に応じさせて練餉を分ち与えた。しかし、一たび遠征となればその雇人も動員に肯ぜず、また転じて乞食や窮民を代理兵として雇わざるを得なかった。こうして兵は一人だが、人はその間三回代る。練兵一人、代理する者過半数に及び、これではどうして力が発揮できようかと。この冒名頂替は中国の軍隊の伝統的弊風で、兵餉の着服を狙って通常将官によって行われるものであるが[44]、清末の軍隊では新軍制による糧餉の増額で兵丁もこれを行った。

以上、四点にわたって練軍の欠陥を指摘し、勇営の制をとり入れて補正すべきことを主張した曾国藩は、さし当りの改良策として、(1)冒名頂替の防止、(2)有機的な部隊編成、(3)兵餉の欠配問題の解決の三点を挙げた。[45]

即ち、

(1)冒名頂替を防ぐには、兵餉の給付を一元化することが肝要で、一人の兵士が練軍に選抜され入隊した場合、本営の欠員は抹消し、練軍一兵を増員し、本営一兵減員とする。事によって革退した場合、練営の方で欠員を補充し、本営には干与させない。このようにして、練軍の兵は皆本人自身であるようにすれば、積習を幾らか変えることができるだろう。

(2)部隊の編成は勇営の制を参考にして士卒一体をめざし、きめ細かいものにしていく。第一に馬隊は歩隊に混入させないことである。各哨の中で別に馬隊営をたて、戦場で混乱起らないようにする。第二に一隊は二十五人を上限とし、できれば十人を以て一隊とすべきで、そうすることにより士卒互に知り易く、従い易くなる。

(3)直隷は財政難で、武官の俸餉や兵餉の欠配多く、将士困窮しているが、練軍を現員の四千名の他に六ないし八千人に増額した時、本省の銀を以て練軍の餉としない。別に部撥の銀を以て充てる。練軍入営者の兵餉がよいのはもちろんであるが、本営在営者も充分に待遇する。そのため浙江の減兵増餉の法に倣い、老弱な者を淘汰し、病故者を補充しないで節した餉銀で以て歴年の欠配に充当する。

以上の改良策を踏まえて曾国藩は当面の直隷練軍の再建案をたてた[46]。

直隷練軍の増員は当面三千人とし、残留の四千人と併せて旧の体裁に復させたい。古北口に一千人、正定に一千人、保定に一千人を増員し、傅振邦・譚勝達など軍に熟達し、覇気ある将校を配置する。保定には南方の将校を配属する。南の将校を配属することは以前にも行われていたが、兵とうまく融和するかどうかは未知数である。先の六軍の例では、本営の鎮将を統領とした場合、兵士と情はよく通ずるが、振作の気なきに苦しむ。南人の戦将を統領として用いた場合、その気はやや盛んだが、上下情がつながらないのに苦しんだ。しかし、南の制度を以て北の練軍を補強しようとする方針から、これを撤回することはできない。練軍の規模は四軍を以て限度とする。二軍は京以北に駐屯し、二軍は京以南に駐屯させ、各軍は三千人とし、指揮官の功著しいものについては四千人、五千人に増員する。次に、北京政府の部臣はさかんに直隷勇丁の遣撤と回籍を命令してきているが、これは前の総督官文が上奏して留めた十二営であって、今年三営を撤去したが、近年の凶作続きで散勇窮まって帰る所なく、聚って滋事することを憂慮し、未だ撤収していない。安靖となるのをまって、さらに数営解散し、その裁勇の銀を練軍の費に添加したいと。

このような案に基づき、直隷練軍は曾国藩の着任後再教練が始まった。当面、古北口の提標から千人、正定鎮標兵より千人、督標内より千人、計三千人で六営を編成した。冬から春にかけて真剣な訓練が行われ、保定の二営は正定へ、正定の二営と古北口の二営は保定へ行軍し、沿途、支塔帳棚し、村鎮へ入らず兵丁が築塁挖濠を行った。その間脱走したり頂替する者各営数人に過ぎず、多い場合で十余人であった。試行後半年を経て、一応妥当な線までいったので、直隷練軍歩隊営制として永遠の章程をつくり、帝の御覧に呈され部議に付された。それは大体、湘勇・淮勇の営制を参考に適宜増減したものだった。[47]

こうして、直隷練軍は結局曾国藩の改革で蘇生することとなったが、大幅に勇営的システムが導入され、総理衙門の支配から離れ、直隷総督の子飼いの軍隊としての色彩を強めるようになった。それは第一に部分的に江南の将を採用したこと、部隊の編成が湘淮方式を取り入れ、小隊を十人とする小編成をとり（劉長佑の練軍は二十四人）将官と兵士の連携を密にしたこと、第二に冒名頂替に対し、練餉と底餉との一併支給などその防止に力をいれたこと。さらに長夫の制を採用したのも特色である。緑営の弊風は兵士を営内外の雑用に使役し、訓練の暇を与えず弱兵にしてしまったことである[48]。湘淮各軍営制では、炊事などを行う火夫の他に、火薬・兵器・軍需品・糧食の運搬など雑役を行う長夫がおかれていた。いわば輜重兵である。この制度を練軍も導入し、各営二十四名の長夫、各隊に一名の火夫を配置した。第三に兵餉・武器ともにその多くを江南に依存したことである。毎月の兵餉は、部餉四万、蘇餉三万、長盧復価一万二千が練餉局派委の司道の管轄下におかれ、また兵器については、馬歩各営均しく洋槍・長矛を半々用いるが、竹桿・長矛は安徽で採買し、洋槍は上海機器局で製造させるなど、江南に多くを仰いだ。第四に直隷練軍をつくりながら、一方では直隷の防衛の主力を勇軍においていることである。留勇駐兵には北京政府は反対であったが、李鴻章の上奏により淮勇の銘軍の駐留を認めざるをえなかった[49]。その結果、未知数の直隷練軍は直隷防衛の主体とはなり得ず、淮勇がその任にあたり、直隷練軍はその補助とされた。

しかし、この曾国藩の練軍も、天津教案の発生で曾国藩が忙殺されて中断やむなきに至り、教案解決後は曾国藩は両江総督に調任となり、練軍の主導権は同治九年八月直隷総督の任に着いた李鴻章に移されることとなった。李鴻章は、曾国藩の練軍を継承するとともに、洋式化を試みて、一層の強化をはかった。則ち軍器として洋鎗を導入し、正定・大名・保定・通永の各営に配給し、また各営に正教習一名、幇教習四名を配属し洋式訓練を施した。[50] 李鴻章が洋式軍隊の影響を受けるようになったのは、江蘇巡撫時代からであり、ワードの常勝軍と関係をもち、麾下の淮軍の訓練にワードの援助で洋将を雇い、洋鎗を用いた洋式訓練を行った。このようにすでに洋式化した淮軍を麾下にもつ李鴻章は、直隷練軍を引継ぐと当然同じ改革を断行した。その際の洋鎗操法の教習者は中国人であり、淮軍出身者であった。[51] これにより、練軍の勇軍化は一層顕著になったのは言うまでもない。

五

劉長佑に始まり、曾国藩の改革を経て李鴻章に受け継がれた直隷練軍の編成は、何度も蹉跎ありながらも執拗に推進されただけあって全国的に知られるようになり、冗兵整理と兵力強化策に悩んでいた各省に大きな影響を与えた。その内とくに曾国藩の練軍章程は各省練軍編成の範となった。一八六五年から一八九五年までの間に、幾つかの省で直隷省の例に倣って、少なくとも紙の上だけにせよ、緑営軍を練軍として再編成することが行われ、勇軍と同様に戦略上の要地に配置された[52]。浙江省では、同治七年総督英桂などにより練軍編成案が奏定された。それによると、一万三千八百二十九名を裁き四割を削減する。これにより一万数千両を浮かせ、残存の兵二万二千五百六十六名の餉に加銀する。馬戦兵八、九千人は七標に集めて訓練を施し城堡に居させ、或いは営房に宿させて有事に先調させる（緑営兵の場合は通常営房なく自宅で待機させる）。城守汛兵は優劣を配列しておき、馬戦兵の欠あれば順次抜補する。零細な汛は統合し、塘兵は全廃し文書移送は舗司駅逓に帰せしむといった兵制改革であった[53]。湖南省では軍需局を設け、直隷練兵章程を参考にして、まず省標・提標から各々五百人ずつを挑練し、省城と常徳に各一営設置し、湘勇営制に倣って専心操練させる。経費は軍需局が新たに捻出するといった練兵策がとられた[54]。以上の浙江・湖南の他、主だったところだけでも福建・江蘇・広東・山西・山東・河南・甘粛と、陸続して直隷練軍に倣って練軍が編成された。その方式は省ごとに異なるが、福建・広東・江蘇などでは既述の浙江に代表されるように既存の兵を整理し、浮いた餉を練兵費にあて、別に増費を行わない減兵加餉方式をとり、山西・山東などでは、既述の湖南で代表されるように直隷練兵の法を按じて兵は定額内より抽練するが、練兵費は別に新たに増費する添餉練兵方式をとった[55]。

練軍の普及によって、緑営は殆ど有名無実となり、十二万五千人に減っていった。日本の参謀本部は、中国軍隊の有効なものは勇軍と練軍に限られていると見て、その数を三十五万人と読んでいたが、これは奇しくも兵部と戸部の計算と一致していた。[56] 勇軍は緑営に代って、太平天国後、大都市や戦略上の要地の守備隊となり、「防軍」とよばれていた。この防軍と練軍が、日清戦争までの清朝の中枢軍隊であった。[57] しかし、このように評価された練軍であったが、実際には果してどの程度軍隊としての実効性があったのだろうか。練軍の中で、防軍と遜色なかったのは直隷練軍だけだったといわれるが、[58] その直隷について、練軍の役割を見てみよう。直隷の緑営兵は陵寝専責のある泰寧・馬蘭両鎮を除いて、各標全て抽練して練軍に編成されており、[59] 光緒二十三年裁減以後の実数では、淮軍二十営に対し、練軍は歩隊十二営、馬隊二十一営を数えていた。淮軍二十営が山海関・北塘・大沽等沿海各口砲台防御の任にあったのに対し、練軍は、内地各府と各辺境に分布して防衛に当っていた。淮軍が対外防衛の専責にあったのに対し、練軍は対内防衛を主な任務としていた。[60] 緑営が弓箭・刀矛・抬槍・鳥槍の旧式武器しか装備していなかったのに対し、これら練軍は洋鎗や小炸砲が配給され訓練が施されるようになったが、総司令官の李鴻章に言わせると、「内寇を剿するには、なお用うべくも外患を防ぐには実に未だ敢えて信ずべからざるもの」であり、各省抽練の兵も概ねこれに類するものであった[61]という。それでも直隷は省境の幅員広く、経年の兵燹と災害による窮民多く、馬賊が跋扈し、練軍の巡哨と出動を迎がねば治安維持は困難だった[62]。そういう意味での役割は充分果していたといえよう。だが、軍の体質は依然として緑営の習気を受け継ぎ、軍としての統一性を欠いていたことは清朝にとって悩みであった。軍の編成は新旧凹凸で一律でなく、兵士は多く家を恋しがって遠方への徴発を忌避した[63]。最強の直隷練軍を以てしても李鴻章に言わせれば、このような有様であったから、況んやこれを模倣した各省の練軍に於てをやである。親族相承け、半ば世襲同然となっており、各営の人数も多く、ともすると挟制滋事し易く、身はすでに懶弱で、僅かでも演習多ければ怨言あり。調派出征ともなれば、風を聞き推諉したというのが一般的であった[64]。劉坤一のつくった江西練軍では、冒名頂替が行われ、曾国藩が劉長佑の旧練軍の弊として挙げた兵一名、人三人代るの弊風が出征軍に多く見られるという[65]。これら各省の練軍に比し、直隷練軍が勇軍と同じ規模を維持し得たのは、劉長佑の練軍以来、外省の勇丁をその中に多く含めているからだという[66]。練軍は防軍と並んで、太平天国の後、各省の土匪対策の主力だった。しかしながら十全の実力をもっていたとは言い難かった。防勇・練軍は外洋の百練節制の師に敵するには力不足だったが、これを以て土匪を剿捕するにはなお余力ありと言われたが、この頃になると、外国の鎗砲が土匪の手に渡るようになり、しかも彼らの多くは散勇の出身で、軍中の情勢に詳しく決して烏合の衆ではないことも当局は承知していた[67]。練軍は洋式操法を部分的に採り入れてはいたが、直隷練軍を除いて大部分は旧式の刀矛・抬鎗を武器としていた[68]。洋操を行うには費用を多く要し、限られた予算の中では多練は困難であった[69]。しかも兵器の管理悪く、「軍械子薬を領用しても任意に棄てて置かれ」、手入れをやらなかった。測算術数鎗礮理法を心得た兵丁がいなかったからである[70]。これは防軍の例であるが、練軍でも同じであったろうと思われる。兵の操典、兵器は防軍と練軍で異なることはもちろん、同一の防軍、練軍の中でも各々異なり、違わないのは営官の侵餉と兵丁の遊惰だけというのが実態であった。従って、大きな動員ある時は防軍・練軍いずれも役に立たず、山西省では日清戦争、義和団の乱など、その都度新営を添募してこれに対処したので、同省の兵制は既存の緑営・練軍・晋威軍・防軍の四種の軍隊が併存するほどの混乱ぶりであった[71]。

練軍は軍の整理であり、精鋭な兵を得るということは、他方では無能の兵を裁汰していくという含みがある。しかし各省とも裁汰・挑練ともに形だけ行って糊塗するだけで、抜本的には行わなかった。緑営の裁汰、停滞した背景には武官層の隠然たる抵抗があったからである。光緒の初めには、戸・兵部を中心に裁兵を強力に進めようとしたが、内は曹司、外は疆吏みな、「駐防の不足、塘汛の人なき、文報の達し難き」を口実としたので、裁兵千人に及ばず、節餉僅かに十万をこえたにすぎなかった。裁兵停滞の根本理由は「軍興以来皆額欠を補い、営ごとに扣餉あり、事あるごとに陋規あり。書吏、武員ともに弊風に相染まる。裁兵できないのは兵に原因あるのではなく、将に原因あり[72]」といわれているように、軍営の伝統的牢習である武官の侵餉[73]に由来するもので、軍興以来の欠員はすぐ補充し、それを扣餉に利用した。武官界では何事も陋規があり、武官は官場の習気に染まっていた。練軍に於ても添餉練兵の方式をとる場合、兵餉の整理を行わず、新たに練餉を添加するものであるから、練兵を以て勇糧を食することと同じであり、「緑営を整頓するの名を以て招募勇営の利を収む[74]」るものと朝廷に批難されたように、この方式による練軍は武弁の恰好の役得を保障するものであった。練軍が各地に広がったのも宜なるかなである。このような中にあって、裁汰の議などは武弁にとってまことに不都合なことであって、そうともなれば多く言葉を設けて妨害し、旧のままを決めこんだ。このような牢習を破るには先ず以て兵を裁くことではなく、将弁を裁汰することが何よりも肝要であった[75]。

練軍の末路は、常備・続備・巡警軍への改編であった。江南自強軍、天津新建陸軍など新式軍隊の編成が次々行われる中で[76]、既存の軍は無用の長物と化したので、各営は厳に裁汰を行い、若干営を精選し分ちて、常備・続備・巡警軍とし、新式訓練を行い、実力整頓を期せしむという光緒二十七年の上諭となった[77]。続く七月三十目の政務処の咨により、年少精壮なる者を挑選し、餉項を優給し、厳しく訓練を加え、省会及び扼要処に駐屯させる常備軍、餉数やや減らすも、分紮訓練する続備軍、巡防・警察の用をなす巡警軍の三種の軍に整理されることとなった[78]。練軍は江南や江西では巡警軍に編入され、雲南では続備軍、貴州では常備軍と続備軍とに編入されるというように、その改編は地方により区々であった[79]。しかし、このような経過を辿った後、光緒三十年の陸軍営制餉章が公布されるに及び、営制餉章により組織される軍隊を新軍といい、常備軍・続備軍・巡警軍は最終的には巡防隊と改称される[80]。さらに、光緒三十三年の試弁章程によりその組織が定められ、清郷守土、保衛地方を任とする警保の如き軍隊とされた[81]。

ところで、光緒三十年の陸軍営制餉章による新軍の編成は、早く完成した袁世凱や張之洞の関係する近畿六鎮や湖北両鎮を除いては不完全なものが多く、旧勇軍や練軍をそのまま新軍として名を代えただけのものもあった。例えば、貴州では、光緒二十八年、新軍が編成されたが、実際は洋操に改練しただけで新旧両軍に殆ど差異はなかった。福建省は光緒二十七年新軍が編成されたが、それまでの防軍・練軍の名称を代えただけにすぎないものだったといわれる[82]。したがって新軍の編成で旧来の軍は消滅したものではなく、練軍の伝統は地方の新軍の中に継承されたといってよい。

六

練軍は、同治中興の一環として清軍の改革・近代化をめざして再編されたものであったが、王朝権力の衰退、地方督撫勢力の伸長という趨勢の中で、結局、実効性のある軍隊とはなり得なかった。王朝の基幹軍隊を意図して行われた改革は、財政面でも軍事面でも一段上の立場にある漢人督撫勢力の手を借りずには不可能であった。直隷の練軍は、劉長佑・曾国藩・李鴻章の三督撫が次々受け継ぎその育成に当ったが、彼らにとって所詮は子飼いの軍である勇軍（防軍）の方が自己の権力基盤である故、練軍の育成は二の次にならざるを得なかった。したがって、練軍は結果として勇軍の補助的役割の域を出なかったのである。一方、当初清軍の強化を狙いとして再建の手助けを行っていたイギリスも、レイ・オズボーン艦隊事件を契機として督撫勢力の重要性を認識し[83]、新しい中国政策の重点をそちらへ移していった。

しかし、清末になって、衰世凱や張之洞などが推進して編成した新軍が、革命に傾斜していった時、清朝に忠誠を尽し、反革命側についたのが旧清軍精鋭たる練軍のなれの果てである巡防隊の将領であったこと、そのため急遽、衰世凱をはじめ各督撫は巡防営の増募を奏請した[84]ことは、皮肉なことであった。

（岡本敬二先生退官記念論集　一九八四年）

註

1 British Chines Papers 1863, P162, No.120, Sir F. Bruce to Earl Russell, Peking October 13, 1863.
2 拙稿「洋務と練兵」『中嶋敏先生古稀記念論集』上所収。
3 井上裕正「レイ・オズボーン艦隊事件の外交史的意義について」(『東洋史研究』三四の二)。
4 註2に同じ。
5 註2に同じ。
6 拙稿「緑営軍と勇軍」『木村正雄先生退官記念東洋史論集』所収。
7 近代国家の成立過程で、軍隊は治安機構としての警察とは分離して別箇の機構として組織されるものであるが、封建国家の段階にとどまっている清朝に於ては、未分化で緑営が前者に勇軍が後者の機能を与えられていた。
8 註6に同じ。また『同治実録』、威豊十一年十一月壬寅の条、皇朝政典類纂巻三二五、兵三、兵制、練軍一、江西巡撫沈葆楨奏。
9 Powell, Ralph, L. "The rise of chinese military power", Princeton University Press, 1955, P32. 何烈「清威・同時期的財政」一一三一頁。
10 練軍の起源と意義については、王爾敏氏の先駆的業績がある。(王爾敏「練軍的起源及其意義」『大陸雑誌』三四の六・七)
11 沈文粛公政書巻一、請整頓額兵摺、同治元年閏八月十一日。『清実録』同治元年九月甲寅の条。
12 王爾敏、前掲論文。
13 『籌弁夷務始末』巻十六、同治二年五月庚戌署礼部左侍郎蘇煥奏。
14 『清実録』同治二年六月丙子の条
『毛尚書奏稿』巻十、敬陳管見摺、同治二年八月初一日。
15 『清実録』同治二年八月戊子の条。
16 『劉武慎公全集』巻四、調員赴営片、同治二年二月二十三日。
17 同右、巻五、覆陳練軍営制疏、同治二年五月十七日。
18 同右、巻六、遵籌直隷全局練兵募勇以重畿輔疏、同治二年十月十二日。

19 同右、巻六、覆陳練兵募勇疏、同治二年十一月二十四日。
20 同右、巻七、分擁投誠士卒諸多窒硬疏、同治三年七月十九日。
21 同右、巻七、請催鎮将赴任酌調武職疏、同治四年二月初二日、同巻二十六、上曽滌生閣帥、同治四年。
22 岡右、巻八、覆陳馬歩兵勇名数片、同治四年三月十二日。
23 『籌弁夷務始末』同治朝巻四十三、同治五年七月壬戌。
24 『劉武慎公全集』巻十一、陳明近年練兵情形疏、同治五年九月二十三日。
25 註23に同じ。王爾敏、『淮軍志』一〇四頁。
26 中国近代史資料叢刊「洋務運動」(三)四八四頁、同治五年八月二十日、胡家玉摺。李揚華、公餘手存、巻之四、直隷練兵紀略。
27 『同治実録』巻百八十三、『東華続録』五十八、同治五年八月甲寅の条。
『劉武慎公全集』巻十二、直隷軍宜速成疏、同治六年正月二十日。
28 『劉武慎公全集』巻十一、推広練兵章程疏、同治五年十月二十四日、巻十一、分練六軍請増二軍疏、同治五年十月二十四日。
29 『同治実録』巻百九十三、同治五年十二月壬子の条。
『劉武慎公全集』巻十二、直隷軍宜速成疏。
『同治実録』巻百九十五、同治六年正月戊寅の条。
30 直接には神器営の現練部隊の需に応ずるためだったが、直隷総督劉長佑もこの議にのり、早速必要とする洋砲六百尊の注文を行っている(中国近代史資料叢刊「洋務運動」(四)二三一頁、同治五年八月二十八日奕訢等摺、同治五年十月二十五日崇厚摺)。しかし、当面の練兵には間に合わなかった(劉長佑、前掲奏推広練兵章程疏)。崇厚が天津機器局の創辯に与ったのは、北京条約後の列強の協力政策の中でロシアが清朝に贈与した兵器の受取りと軍事技術伝授に三国通商大臣として関係し、すでに天津にあって小規模ながら軍器の試製試鋳を行っていたからである(孫毓業編「中国近代工業史資料」第【輯上冊、三四三頁、同治元年八月二十日、同治元年九月一十一日、三国通商大臣崇厚奏。拙稿「洋務と練兵し参照)。
31 『同治実録』巻二百十五、同治六年十一月癸丑の条。
32 王爾敏『淮軍志』三八二頁。

33 『東華続録』六十八、同治六年十二月己丑の条。
34 『同治実録』巻二百二十九　同治七年戊戌の条、『東華続録』七十三、同治七年七月庚辰。
35 『東華続録』七十三、同治七年七月戊戌の条、『李文忠公奏稿』巻十四、覆議凱撤南勇並籌西事摺、同治七年七月二十日。
36 註34に同じ。
37 王爾敏『淮軍志』三八二頁。
38 『東華続録』七十四、同治七年九月癸卯の条。
39 同右。
40 「曾文正公奏稿」略陳直隷応辦事宜摺、同治八年正月十七日。『東華続録』七十六、同治八年正月己丑の条。
41 「曾文正公奏稿」覆議直隷練軍事宜摺、同治八年五月二十一日。
42 拙稿「清朝の軍隊と兵変の背景」『社会文化史学』九号、四一～二頁。
43 呉晗「明代的軍兵」『中国社会経済史集刊』五－二、一九三七年。
44 註42に同じ。
45 註41に同じ。
46 「曾文正公奏稿」再議練軍事宜摺、同治八年八月二十七日。
47 「曾文正公奏稿」試辦練軍酌定営制摺、同治九年四月十六日。
48 註6に同じ。
49 『同治実録』巻二百四十　同治七年八月丙辰の条。
50 「李文忠公奏稿」巻二十　練軍酌添洋鎗教習片、同治十一年十二月十九日。
51 王爾敏『淮軍志』一〇二頁。
52 Powell, op. cit. P.37.
53 李揚華『公餘手存』巻五　営制下、浙江変通兵制紀略。
54 同右、湖南練兵紀略。
55 同右、大学士管理兵部事務、単懋謙奏。
56 Powell, op. cit. P.46.

57 Ibid, P.36.
58 『光緒東華録』光緒二十七年八月癸丑、劉坤一、張之洞奏。
59 陶李文忠公奏稿』巻四十七　酌裁防勇摺、光緒九年八月十七日。
60 『光緒朝東華録』光緒二十五年一月丁巳直隷総督裕禄奏。
61 『李文忠公奏稿』巻二十四　籌議海防摺、同治十三年十一月初二日。
62 『李文忠公奏稿』巻四十八　各営加夫傍請給半摺、光緒九年十月二十九日。
63 『籌辦夷務始末』巻七十八　同治九年十月庚申、直隷総督李鴻章奏。
64 註58に同じ。
65 『光緒朝東華録』光緒九年六月、潘霨奏。
66 註58に同じ。
67 『皇朝政典類纂』巻三百二十七　兵五兵制薪軍江西巡撫、李興鋭奏。
68 同右、山西巡撫岑春煊奏。山西省では、防練各営は大半湘淮の旧制に基づいて編成された。湘淮営制では創立の始め刀矛抬槍を以て利器としていたので、それに倣って一隊は刀矛、二隊は抬槍による編成が行われた。
69 『光緒朝東華録』光緒二十二年九月丁巳盛宣懐奏。
70 同右、光緒二十二年三月癸丑王文詔奏。
71 『皇朝政典類纂』巻三百二十七　兵五、兵制、新軍、山西巡撫岑春煊奏。
72 陳次亮『庸書内篇』巻下、額兵。
73 拙稿「清朝の軍隊と兵変の背景」『社会文化史学』九号、一九七三年。
74 『光緒朝東華録』光緒五年五月辛丑上諭。
75 同右、光緒十一年八月庚寅卞寶第奏。
76 『清岡行政法』第四巻　三一三頁、新軍。
77 『光緒朝東華録』光緒二十七年七月癸巳。
78 『皇朝政典類纂』巻三百二十七　兵五、兵制、新軍、江西巡撫李興鋭奏。
79 同右、江西巡撫李興鋭、両江総督劉坤一、雲貴総督魏光燾　貴州巡撫鄧華熙奏。
80 『清国行政法』第四巻　三一五頁。

81 文公直「最近三十年中国軍事史」第一章第五節、清代半新式之陸軍。
82 張玉田、陳崇橋等編著『中国近代軍事史』四四〇頁。
83 井上裕正「レイ・オスボーン艦隊事件の外交史的意義について」『東洋史研究』34の2。
84 張玉田 前掲書 四四四頁。

第六章

旧中国における傭兵と遊民

―遊勇について―

一　はじめに

中国では、改革・調整政策の下で、数万の民が盲流となって都市へ押し寄せる現象が話題になっているが、農村の過剰労働力の移動は、今に始まったことではなく、中国史の各王朝末期に見られる普遍的現象である。十九世紀、南京条約で開国以後の清朝でも、社会混乱、動乱が続く中で散勇や流民が幾千となく、都市から都市へと盲流する姿が見られた。これら流民の中で、太平天国の乱平定後、激増し、社会的不安を与えたのは遊勇であった。遊勇とは乱平定により不用となって解散された勇兵が徒党を組んで、人家や商店を武器で脅し、財物を奪うなどして荒らし回り、城市や市鎮を渡り歩いた姿を言う。

本章では、先ず遊勇の盲流状況を概観しながら、遊勇集団の構造を探り、遊勇がどのような社会状況、政治過程の中で発生し、やがて会党と化していったか。また国家は遊勇に対し、どのように解散を図り、帰郷させようとしたか。清朝の国家としての対策をとらえてみたい。

二　遊勇の盲流状況

まず、遊勇の移動と流寓地について触れたい。「遊勇は聚集常ならず、且つ居處なし。故に來るは即ち忽然、去るもまた杳然」[1]といわれるように、集散常なく、流浪を事とし、徒党を組んで略奪に及んだ。游勇の発生は勇の解散とともに始まる。かれらは故郷に帰らず、流浪した。省境から省境へ移動し、時には官軍を冒充し、軍の前後数十里付き従い、略奪を繰り返した。[2]直隷の遷化県では、官軍の馬・歩兵隊を自称し、身に号衣を穿き、手に大旗を執り、喇叭を鳴らし排隊して入場し、快槍を開放、分股して各署及び当舗、紳商各家に闖入、銀衣等の物を肆しいままに搶める[3]など旧官軍の幻影を利用し略奪を行った。

省境の村では、遊勇侵入の情報が入ると村民は紛々として避難し始めると言う。[4]屯する際は、軍営付近か、城郷に流寓し、城堡に盤踞する。あるいは商賈輻輳の市鎮に所在逗留し、烟館・賭場・茶坊・小押を巣穴とした。[5]武漢、上海などの省都では、各地の遊勇が集まった。とりわけ武漢は五方雑処の地で、福建及び山海関で遣撤された各勇が逗留したという。[6]また茶市が開かれると集まり、山廠に隠れ劫掠を繰り返した。[7]

生活の基盤は一つは略奪であった。「京師に潜み官職を仮冒して為さざるなく[8]」、「物件を強買、民房を占住したり」[9]「盤費に欠乏し、鎗刀鐵尺を以て銀銭を奪う」[10]あるいは「買布の小販になりすまし分散して入場し、銭舗を襲撃」したり、[11]「省城に潜み人身売買を行う」[12]などの行為が史料に散見する。次に違禁となっている烟館開設を行い、[13]迎神賽会を口実に賭場を開場するなど、[14]売煙聚賭を事とする例が多い。その他、茅柴を割いて生活の資としたり、[15]被災者を充てようとした堤防改修工事に応募し難民と職を争うなど[16]さまざまな不法行為で生計を維持した。

遣撤された勇は路銀を渡されるが、僅かな額なので途中で使いきり、流落していく。かれらは連れだって「平日、相知る人が伍となること、あるいは十余人、あるいは十数人。聊生する能わずの故に、しばらく試みに盗みをなす」[17]のである。こうして発生した遊勇集団は「つねに武職を首となし、且つ曽って参将、遊撃、都司、守備に保されし人あり。……曽って營哨官たるの武職を以て、流れて盗みを爲すに至っては、その黨羽さらに招呼し易し」[18]とあるように旧軍営の上官が、それらの遊勇の統率者となる。遊勇は均しく身に短桿、洋鎗等をつけているが、かれらはこれらの武器を「撤するに臨み、決して呈せず、私自帯回」するからである。[19]こうして遊勇の武装集団が生ずる。

遊勇集団は遊勇単独で行動することもあるが、他の不法集団と連携することにより、大きな無頼集団と化す。土匪は遊勇を党與とし、遊勇は土匪を隠れ家とした。[20]よく土匪と句結し、入村略奪を行った[21]。四川の省境では、内地の嘓匪、會匪、梟匪が多く、これに各辺界の遊勇が加わり不時出没するという[22]。また湖北省襄陽県北郷に聚集する匪徒は、捻匪・私販・遊勇・地痞の四種であり[23]、遊勇は他の無頼集団と和合し不法行為を行った。とくに江浙両省では、流民の過境が多かった。みな湖広の口音で話し、流民、難民にしては、少壮の男子が多く、老弱男女の人は少なかった。僻村の人家や鎮市社廟などに宿するとき、難民を自称しているが、食べる物は魚肉であり、着る物は絹や綾など、その起居・振る舞いは官紳・豪商も及ばないほどであり、明らかに逃荒を名目とする遊勇であったという[24]。

三　遊勇の形成

遊勇の前身は勇兵であるが、緑営兵と出自が異なる。緑営兵は「土着の人で家族ある者を選ぶ。また生業をもっており、名は軍籍にあるが、歳時操演あるのみ[25]」とあるように、本籍があり、生業を持ち、家族ある者から採用された。外来無籍の人を当てなかった。土着の兵であれば、かれらとその家族が軍営の所在地にあり管理しやすいからである。兵丁の子弟は余丁に位置づけられ、欠員があれば余丁から補充し、民間一般より募る例は稀で兵籍は代々受け継がれ、兵士は兵家より出た[26]。

これに対し、勇兵は外来無籍の人が多く充当された。もっとも太平天国鎮圧のため曾国藩が召募した兵は「郷里の農民を選択、有業者多く、無根の者少なし[27]」とあるように在郷の農民から採るのが原則であったが、増兵に次ぐ増兵で質が低下し、結果的には外来無籍の人で充てられた。かれらは「多く遊手の夫、平日、郷里に閒居し多く放恣を行い……[28]」、その多くは郷村にあっても遊民として定職なく放縦な生活をしていた人たちであった。いわば郷村の周辺人（マージナルマン）であって、農村コミュニティと相容れない民であった。その疎外され鬱屈した心理が、その反動として戦役で勇猛性を発揮したものと思われる。「勇に充てる人、大半未だ家族あらず、進んで功名をとり富貴を図る。退いて内顧の憂いない[29]」のが勇応募者の姿であった。湖南では「かれらが郷勇として出境したため、郷民は夜、戸を閉めずに済んだという。蓋し無頼の徒、みな軍籍に名を連ねて生活していたからである。ところが近日帰郷し、やることなく、遊食に慣れ、気荒れ…[30]」ということが言われ、郷村におけるかれらの位置が明らかである。

遊勇の発生源は、勇軍の裁汰に発する。勇兵の召集はあくまでも臨時の措置・権宜にすぎないのであって、軍役が終了すれば解散するのが原則であった。建て前としては緑営と八旗が清の経制兵であり、勇兵は定員外の人員であったからである。大きな戦役が終われば酌留し正規兵に組み込まれる以外は、遣散となった。太平天国軍討伐は嘉慶の白蓮教徒の乱に次ぐ大戦役であったので、募勇数も多かった。同治はじめ約三十万の勇が軍役に参加していた。[31] したがって解散数も多かった。勇の解散は清末まで戦役終わる毎に行われ、その度に遊勇が発生するのであるが、本章では、同治年間、太平天国討伐後の勇の解散に絞って考えてみたい。

同治三年、七月、太平天国の首都金陵陥落後、曾國藩の湘軍五万の内、半分の二万五千を裁撤し、残り二万五千を酌留し、金陵、蕪湖など要衝を分守させ、その余は遊撃の軍とした。[32] その後十二月までに裁汰数は二万五千から三万人に達した。[33] また、同治三年十月浙江の戦乱粛清により左宗棠は麾下の四十余営・二万人を削減している。[34] さらに李鴻章は同治七年西捻の平定後、淮勇五十営三十万人を裁撤した。[35] 同治年間の主な削減数は以上の如くであるが、万以下の解雇は、地方規模の反乱鎮圧とともに絶えず行われていた。同治年代の初め、約三十万人の勇軍がいたが、[36] この内、約十万人が遣撤を受け路頭に迷うことになった。残された者も地方の要衝の警備にあたり、防軍として経制兵に編入された者を除いて、しだいに裁汰されていった。

裁汰の大きな理由は財政難である。例えば湘軍では、金陵陥落で臨時に充てていた広東・広西の釐金は該省に返還し、湖南東征局のみの財政にたよることとなったが、欠餉の清算費の他に・金陵科場費・凌河修城費等に費用を要し、裁勇の他に節餉の方法はなかった[37]。その上、一つの軍役が終わると次の軍役が待っており、そのための軍費が必要となり、臨時の兵である勇の裁汰で浮いた費用を新戦役に回そうとした。太平乱の終息後は、甘粛の回族の反乱を始めとして雲南回族、貴州苗族等々の戦役が続いたので、勇を裁汰して捻出した費用をこれに充てようとした。またこの頃に始まる洋務にも多額の財源を必要とした[38]。

遊勇の発生源の第二は降衆である。叛徒の営を克服するごとに、降衆の収容を余儀なくされる。収降された衆には安挿・安置の処置がとられるのが原則であった。その処置とは、「分別給貲・遣散回籍[39]」、「分別遣散・安挿[40]」である。李鴻章の淮軍のように、粤匪降衆を編入し、捻匪討伐に充てるような例もあるが[41]、大方は遣散回籍である。遣散は勇の解散と同じく郷里まで護送していく場合もあるが、そのまま放逐する例も多く、路頭に迷い、結局は遊勇と同じになる。「江南の散勇、遣散せる者、五十二営あって、その中に降衆が内にあること多く、裏下河一帯では、遊兵散勇と新降人衆が麕集し、生事多し」とあって、募勇された勇の中に降衆が混じる例[42]があることから、これら降衆は遊勇の一員となっており、遊勇層を形成している。

遊勇の発生源の第三は潰勇や逃勇である。軍の待遇を不満として反乱を起こし、軍を離脱する。あるいは遠征の途中、逃亡した勇を逃勇という。軍を離脱する最大の理由は欠餉である。

南京陥落前後、同治年間の潰勇の中で代表例は陶茂林の統率する勇のそれである。即ち甘粛の回族の反乱鎮圧に当たっていた該勇、約一千名、軍器・號衣を携帯したまま紛々と潰逃し、[43]陝西省境にまで到った。道すがら告示を貼り、財物糧食を強索し、[44]連夜、号火をあげ居民を驚かせ逃亡させた。[45]その後陶茂林の部隊は再度、潰勇し、その影響は雷正綰や張華等の営に及び、回族と句結する者も出た。[46]潰勇の原因は将校の虚冒扣尅による。[47]積年の欠餉の他に、回族の女性を「収納」し、兄弟親族を勇額に充当し、旗幟、号衣の費用まで各勇の月餉より差し引いたことなどが勇兵の怒りをかったという。[48]同治四年には鮑超率いるところの霆軍が甘粛に派遣される途中、湖北金口で餉を求め、潰変する。これも原因は積年の欠餉による。[49]これら潰勇は沿途、略奪を図って欠餉分の補填を行い、逃勇となる。「逃兵、逃勇奔り逃げる。すでに帰るべき資なし。沿途逗留し、随所槍掠、これも遊匪の一種なり」と曾國藩は指摘している。これら逃勇は大兵の駐屯地で輜重担当の長夫や予備兵たる余丁に仮冒し、官軍を騙って、略奪を繰返した。[50]このような潰勇の行為が日常化していたので、ちょっと兵潰の情報があっただけで、住民は不安におののいた。常熟では、江陰に兵潰があり、こちらに竄入するとのニュースで、大混乱し舟を雇って次々に他郷に避難を始めたが、実際は江陰駐屯緑営の定期演習が誤り伝えられたにすぎなかった。[51]潰勇・逃勇の被害がいかに甚大であったかを物語る出来事である。

四　勇の遣散と欠餉

遊勇が発生するか否かは、勇の解散すなわち遣散が適正に行われたかどうかに係っていた。帰郷半ばにして「逗留滋事」させずに、郷里に回籍し「安業営生」させるには、①欠餉の清算②旅費の支給③兵器の回収④郷里までの護送の四つが鍵となる。このどれ一つ欠けても、遊勇形成には充分であった。この四点の中で、とりわけ難題は言うまでもなく①の欠餉の補填であった。嘉慶初めの川楚陝三省白蓮教の乱は、乱そのものは元年から七年までに平定されたのに、さらに七年から十一年まで余儘がくすぶったのは散勇が欠餉や旅費を要求して反乱したからであった。[52] 欠餉の清算は将官の腕の見せ所であったが、曽国藩の湘軍はひどい時には欠餉が十五ヶ月から八・九ヶ月に達し、逃散や兵変があったりもしたが、解散の時は、全額支払っている。[53]しかし、その後の統兵将領はみな兵餉の工面に苦慮している。餉源の豊かな李鴻章さえも同治三年までに欠餉額が七八百万に上っている。[54] 李鴻章は欠餉対策として江北防軍の富明阿が始めた餉票制度を大幅に採り入れている。これは欠餉の清算とともに餉票を発給するもので、餉票は藩司が刊行し発行を公表し章程を頒布する。しかし餉票は現銀とは兌換できず、主に報捐請奨に用いる。即ち捐納・買官制とリンクし、捐納はただ餉票を納めることで現銀を納めることと同じ扱いを受けることとした。だが餉票制度は実施して半年、成果ははかばかしくなかった。餉票は僅か五十万両を発行しただけで中止やむなきに至った。収捐は半数に及ばなかった。兵勇が餉票を拒否し、また捐生が使用を見合わせたからである。兵勇が受領を渋ったのは、遣散に際し曽國藩の湘軍が全額清清算した例があるからである。[55] 李鴻章はこの他、欠餉対策として地方の学額を増やすことで欠餉の相殺をしている。淮軍は皖北で募り、将官の多くが合肥一県の出身が多い。そこで安徽省の文武郷試の定額を、各一名増やすことで欠餉三十万両、盧州府の一次文武学額を各四名に広げることで、銀八千両と相殺することを実施している。[56] 以後これが慣例となり数回行われている。[57] 欠餉処理には、その他九闘の定例がある。一月を四十日と数え、一年を九箇月とするもので、一年に九回しか支払わず、実質上三箇月欠餉とするもので、上海・蘇州用兵のときに始まり、捻軍討伐の時期に定例と化した。[58]

そもそも釐金が設置されたのは、太平天国の動乱に伴う軍需の用に供するためであったが、太平天国滅亡後は動員された各勇の「遣散（解散）」に関する費用に主に使われたと言われるほどであった。[59] しかし解散の兵員数が多く、欠餉を充分に清算出来るほどの額ではなかった。撤勇は節餉の有効な手段であったが、欠餉多きによってなかなか実行に移せず躊躇している将官が多かった。[60] 遣散が実行された勇兵は多くの場合、欠餉を全額支払われず、僅かの路銀で放り出されることが多かった。李鴻章は鼎軍の七営を解散する際には、一律に三ケ月半の餉銀を支払い、旅費に充てさせた[61]。劉坤一は営勇の遣散にあたり、直隷は恩餉として一ケ月、遠方の省は二ケ月支払った[62]。郭嵩壽は広東旧募の勇十余営の遣散では、欠数の多寡に応じて整理し、或いは現銀を与え、或いは餉票を発行した[63]。これらの例にあるように僅か二・三ケ月の月餉相当の糧餉給付で、官側は解散勇兵が充分、帰郷出来る費用と楽観していたが、実際は限りある金額なので、すぐに使い果たし、帰郷の中途で城市に屯し遊勇化することになる[64]。

それでは社会的被害が大きいので、解散兵の遊勇化を防ぐために、その後上官が兵士を故郷まで「管帯押送」することが、一般的に行われるようになった。曽國藩は古隆賢の部隊の解散に際して、営に近い者は、路費を酌給し、籍が遠い者には各人に路費一千文を支給し、省ごとに分けて上官が管帯押送することにし、沿道の騒乱を避けようとした[65]。また李鴻章は鼎字左営の遣散では、各路の営卞や沿道州県をリレー方式に護送して勇を回籍した[66]。しかし護送も実際は往々にして、一、二站行っただけで解き放してしまい、郷里まで押解しない場合が多く[67]、復員兵は路頭に迷っては遊勇と化した。路銀を一括して支払うと帰郷の途中で使い果たす例があるので、郷里の衙門で清算する場合もあった。曽國藩の勇解散時における欠餉清算のやり方は、営中では僅かに旅費のみを給し、その余の欠餉は原籍に帰って始めて金額の通り清算するというものであった。したがって復員兵が途中の沿道で逗留することはなかったと言われる。[68] これは、原籍の郷村秩序を利用して帰農をスムーズにし遊勇化を防ごうとした事に他ならない。劉坤一の場合は、「回籍押送」後、現地の州県官に渡し、州県官は房族の管理に委ね、「安業営生」を図った。[69] あるいは郷長、郷老など郷里の長老に造冊させ、随時戸籍に編入登録せしめ、後に県に来て謁見させ、反復訓戒させるなど、保甲の長に責任を持たせて厳しく管理させるなどの処置をとった。[70]

しかし、欠餉清算、回籍押送、房族管理の三段階により復員兵を安業営生させるまで、責任を持つ将官もそう多くなかったので、官の保護を受けず路頭に迷い、遊勇に成り下がる勇兵も多かった。巷に溢れる遊勇の害に対して、官側の取り組みは、差し当たりは掲示による遊勇行為禁止の告示であった。「各遊勇、汝らは……久しくこの地に留まっても断じて勇丁に充補することは不可能なのはよく知っているはずだ。もし回籍して生業をつとめねば、勢い必ず遊蕩して法を犯すことになる。各店、烟館、茶室は遊勇を留めるなかれ[71]」「十日以内に一律起程せよ。もし期限を過ぎ、なお蘇にあって延定に耽れば、厳しく査辨を行う[72]」などの布告がなされた。遊勇の害に対して、各軍の統領ではなく、在地の官衙も傍観していたわけではない。地方官衙の組織的な対応としては、遺勇局を設置して、遊勇の帰郷促進を図る地方もあった。湖北では、勇丁逗留の被害が多いので、署総督郭柏蔭のとき、武漢に遣勇局を設け、散勇に局へ出頭して名を告げさせ、局が船隻を雇い、旅費を支給し「派員回籍」させ、かかった費用は釐金より支出させた[73]。また、江南・江北の散勇対策として、各府県に命じて蘇城に分局を設けさせ、文武員弁二名を派遣して経理させる。散勇は近くの局に出頭し、名を報じ、査点を受け武器を返却し、飯食柴菜銭六十文の支給を受け、二十名になり次第、護送回籍される[74]。このように、官側で何らかの積極的な策を講ずるのは、まだ良い方で大方は、管轄外に駆逐し、処理を他に転嫁するのが精々の対策であった。川沙庁の陳司馬は城門を封鎖して入場させず、その一方、場内にいる遊勇には旅費を与え、城守営と司獄司を派し営兵を帯同させ強制的に出境させている[75]。光緒五年の夏は、江南の各城郷市鎮で三・四百人の遊民が集まって騒動を起こした。少壮男子が八・九割を占め、老弱婦女少なく、発音は皆両湖の人であるので遊勇に違いないが、縣に訴えても為すすべがなくやむを得ず数千文を出して出境させるのが関の山であった[76]。

　これらの遊勇は災害の難民を自称しているが[77]、難民と異なるところは武器を携行していることである。武器で以て威嚇し、人家や店舗に押し入り金銭を要求するのが、遊勇の常態であった。清朝は兵器の私蔵には厳しかったが、太平天国の勃発で団練を推進したため、官が武器頒布したり、民間人が武器を自弁するのを認めたため、禁令を緩めざるを得なかった。武器の回収が遊勇を防ぐ捷径であるのは言うまでもない。だが欠餉を支給するとき兵器の回収が行われば問題はないが、悉く回収するのは不可能であった[78]。こうして武器は回収されず、欠餉は補填されず、旅費の支給も不十分、郷里への回籍護送も満足に行われなかったので遊勇が各城市鎮に滞留し社会不安を与えることになった。

充分な生活保障もなく、軍から解雇された遊勇が不安定な生活の中で拠り所としたのは、国家ではなく、私的団体である会党であった。とくに哥老会が遊勇の頼るところとなった。「軍興以来、各省の招募勇丁、在営の日に類多く、結盟拝会、生死同じくを誓う。戦場では、賊を撃ち協力同心を期す[79]」と述べられているように、かれらは、在営中に入会し「同営同哨の人と結んで兄弟の誓い[80]」をし、生死を共にすることを約束する。入会の契機は、城下にたむろする遊勇との交流からである。これら遊勇は、先に同じ営から裁汰された勇丁でもとの同僚である。もともと営規は弛緩し、営中の兵勇はしばしば出営し、茶坊、酒肆、妓寮、烟館に遊び営外の遊勇が営にやってきて談笑することは自由であった[81]。こうして「在営充勇」のとき患難を同じくし甘楽を共に享受することを約して入会した勇は、軍を解雇されて後、一旦、郷里に帰ることになる。しかし農夫に安住出来た者は十分の一にすぎず[82]、農に生活の基盤を見出せなかった者は、会の絆を唯一の頼りとして各地を放浪することになる。日々が未知の人との出会いとなるが、暗号のやりとりにより、「会外の人とはみなされず」、同じ仲間として、互いに衣食を供し、生活の面倒をみあう。また会外の人より騙されたり侮られたとき、代わって報復してもらえる。したがって営中の人でこれに与るを願わない者はないほどであったと言われる[83][84]。哥老会は四川・湖南に発生し華中一帯に拡がったが、このような相互扶助のシステムは、宋代ころからある伝統的なもので、華中地域における水滸伝的農民や民衆組織を素地としていると言われている[85]。在営中から会員となった勇兵の中には、公には官兵だが、昼と夜とでは地位が逆転する者もいた。昼は百官百長の前に跪くが、有事には、山間に会員を集め、夜、高座に上る。上司の営官、百長は、かえってこれに従い跪くという[86]。

官側では、会党のこのような軍営内の浸透に拱手傍観していたわけではない。しかし「哥老会を厳禁しようとすれば、遊勇を厳禁しなければ、その源を一掃できない[87]」と左宗棠が述べているように抜本的に解決するためには、遊勇の問題が解消しない現状では、無理な話であった。彼らの中には、軍功により二・三品に昇進した家があり、そういう者は乱を起こさないだろうし、他方、江南で貿易に従事している者で、財産の安全を図るため、略奪を恐れて仮に入会する者もあって、もし匪か否かを問わず会に入るを以て逮捕するようなことでは、その根を真に絶つことは出来ないだろう[88]と劉蓉は述べている。従って、官に対して公然と叛旗を翻さない限り、手を下せなかったのが実状であった。曽國藩は簡潔に、このことについて「会に与るか否かを問わず。匪に与るか否かを問う」[89]と言明していた。左宗棠などは在営中、会員であることを登録させ、出営の時、人物を保証し、地方官の懲治を不必要とする措置をとるなどして、これを誅するのでなく、管理することで満足した。[90]

五　むすび

農業以外、産業の乏しい旧中国の農村にあって、兵士は重要な職業源であった。清朝の正規兵は緑営であったが、太平天国の反乱討伐のため腐敗した緑営兵に代って曽国藩　李鴻章により勇軍が編成され、任終わった後、各地の防衛につき防軍となった。緑営は精選された練軍となった。[91]日清戦争で勇軍が崩壊すると、西洋式の新軍が編成され、旧軍は巡防営として精選された。清末、このようにめまぐるしく変る兵制の中で、兵士は絶えず募集され、絶えず解散され、その結果市井には失業兵士、遊民が絶えず滞留し社会不安が絶えなかったが、民衆にとっては就職源であり、官側は必要に応じて募集し、解散した。本章で扱った遊勇はその一断面を究明したものである。

（目白大学短期大学部研究紀要　第三十八号二〇〇一年）

註

1 申報一八十一年九月十四日「書浙東土匪案」
2 左文襄公奏稿巻二十九同治七年九月二十九日
3 宮中朱批奏折、光緒二十八年七月七日（辛亥革命前十年間民変档案史料）
4 申報、一八七六年八月八日「遊勇鼠擾」
5 陳錦「勤餘文牘」巻一　與琴巌論善後餘事書
6 申報一八八二年一二月四日武漢冬防
7 光緒朝東華録光緒八年四月丁巳
8 光緒朝東華録光緒九年十一月辛卯
9 劉坤一遺集公牘巻二　通論軍民公平交易示　光緒二十一年正月十五日
10 曽忠嚢公奏議巻十六　拏獲盗首請奨疏、光緒五年十月二十一日
11 光緒朝東華録、光緒九年二月乙卯
12 曾忠裏公奏議巻十四
13 申報一八八〇年正月四日、資遣遊勇
14 撫呉公牘巻三十二　示禁迎神賽會由
15 申報一八七八年七月二日、論杭州赤山埠白書行劫事
16 益聞録782号　光緒十四年六月十七日
17 申報一八八〇年十月十九日、説遊勇遊僧
18 劉坤一遺集奏疏巻七　遣撤営員勇丁飭軍器並推廣収標章程片
19 同上
20 光緒朝東華録、光緒十五年十一月乙丑
21 光緒朝東華録、光緒六年四月丙午
23 胡林翼集批牘、咸豊六年九月札営官

24 申報　一八七九年八月一日、同九月十七日
25 申報　一八八四年正月十九日
26 羅爾綱「緑営兵志」第六章　第一節　兵皆土着的制度、第二節　世業的兵制
27 曾文正公奏稿　裁撤湘勇査洪福下落片　同治三年七月二十九日
28 註25に同じ
29 註25に同じ
30 劉中丞奏稿　巻八　五十八
31 曽文正公奏稿　巻四「會議長江水師営制事宜摺」
32 曽文正公奏稿、近日軍情擬裁撤湘勇片　同治三年七月二十日
33 曽文正公奏稿　欽奉諭旨覆陳近日軍情摺　同治三年十二月二十八日
34 左文嚢公奏稿　巻十一　請將協濟楊岳斌赴甘行資抵解甘餉摺同治三年十月十四日
35 李文忠公奏議　巻十四　四十九〜五十
36 曽文正公奏稿會議長江水師営制事宜摺　同治四年十二月二十八日
37 曽文正公奏稿欽奉諭旨覆陳近日軍情摺　同治三年十二月二十八日
38 佐伯富「清代同治朝における郷勇の撤廃問題」朝鮮学報第三十七・三十八輯
39 穆宗呈帝実録　巻八十六　五十葉
40 穆宗皇帝実録巻八十五　三十三葉
41 李文忠公奏稿巻十二　籌辦目前緊要各事片 同治六年十二月十九日
42 穆宗皇帝実録巻百五　七葉
43 穆宗皇帝実録巻百三十八　二十一葉
44 穆宗皇帝実録巻百三十八　三十七・八葉
45 穆宗皇帝実録巻百三十八　六十九葉
46 穆宗皇帝実録巻百五十三　九・十葉、二十七・八葉
47 虚冒扣剋については、第一章「清朝の軍隊と兵変の背景」参照
48 穆宗呈帝実録巻百三十九　四十九葉

49 曾文正公奏稿　陳明霆営餉糸出情形片　同治四年五月初一日
50 曾文正公奏稿　嚴辮土匪以靖地方片　咸豊三年十二月二十二日
51 益開録57号、光緒六年六月五日姑敦近聞
52 方朔「枕経堂集」、上李伯相師書二一（捻軍資料六）
53 曾文正公奏巻二　近日軍情井陳餉情形片
曾文正公書札巻二十四　致李鴻章函
王爾敏「淮軍志」第五章　餉源與用款　第二節用款分析　欠餉的処置
54 李文忠公奏稿　巻七　援案請發餉票找抵欠餉片　同治三年九月初十日
55 李文忠公奏稿　巻八　餉票収捐停止片　同治四年四月十四日　王爾敏前掲書　餉票
56 李文忠公奏稿　巻十　淮軍報效欠餉請加廣中額學額摺　同治五年五月二十七日
57 李文忠公奏稿　巻十五　銘軍報效欠餉請廣額摺　同治八年十二月初二日　同巻十六　勳軍報捐欠餉請廣四川學額片　同治九年七月初五日
58 王爾敏　前掲書　九關定例
59 申報　一千八百七十六年六月十五日「西人談鼇金」
60 左文襄公書牘　巻二　答王璞山「至李相堂一軍、早宜裁撤、大半因欠餉甚鉅、無可發者、遂因循至今、非不知愈欠愈鉅苦於司道庫一時無此巨款何也」
61 李文忠公奏稿　巻十五　鼎軍遣撤竣事摺　同治八年八月二十七日
62 劉坤一遺集公牘　巻二　海道回防勇丁不給恩餉示　光緒二十一年九月初八日
63 郭嵩壽奏稿　瀝陳廣東度支艱窮請緩解協援各款　同治三年
64 申報　一千八百八十年十月十九日　説遊勇遊僧
65 曾文正公批牘　朱鎮品隆稟古隆賢献城乞降懇分飭嶺外各軍暫緩進兵由
66 李文忠公奏稿巻十五　遣撤鼎軍摺　同治八年七月十七日
67 周壮武公遺集巻二下　請諭禁遊勇並慎起解稟
68 申報第五十八号　同治十一年六月一日　遣散勇丁論
69 劉坤一遺集奏疏巻七　酌議壽撰協餉安插散勇摺　同治十一年四月二十八日

70 捻軍資料二、蒙城縣志書
71 申報第二千三十三号　光諸四年十一月十四日　駆逐営勇告示
72 丁日昌　撫呉公牘　巻十九　蘇城設立分局収留散勇不准逗留在蘇迅速回籍
73 光緒朝東華録　光緒三年己巳　翁同爵奏
74 丁日昌　撫呉公牘　巻十九　蘇城設立分局収留散勇送下關等局資遣回籍告示
75 申報第二千二百六十五号　光緒五年七月四日　辯理流民贅説
76 申報第二千二百九十二号　光緒五年八月二日　遊民為患説
77 同上
78 申報第二千六百九十号　光緒六年九月二日　論私蓄軍械籵言巡船不足懼盗状
79 劉中丞奏稿巻二、三十三　撲滅湘郷會匪並撃散立瀏陽齋匪摺
80 劉中丞奏稿巻二、五十一　請飭在籍大員幇辯團防摺
81 申報第三千三百四号 光緒八年五月二十九日　論営規宜粛
82 申報第一千九百五十二号 光緒四年八月八日　湖州費村案可疑可懼説
83 申報第一千三百二十七号　光緒二年七月四日　論哥老會
84 申報第一千八百三十二号　光緒四年三月十五日　擬弭内地會匪策
85 酒井忠夫「清末の会党と民衆」（歴史教育13の1）
86 皇朝経世文續編巻八十三　兵政二十二　劉蓉「復李制軍書」
87 左文襄公牘巻十、三十五、「答劉壽卿」
88 劉中丞奏稿巻二、五十一　請飭在籍大員蓄辯團防摺
89 劉坤一遺集、奏疏巻之十、二十五　密陳會匪情形設法鉗制片
90 申報　註83に同じ
91 第五章「練軍について」

第七章 新軍から紅軍へ

清末の軍隊には、清朝成立当初からの八旗、緑営、大規模反乱鎮圧のため枢要の地におかれた督撫が募集して編成した湘勇、淮勇、楚勇などの勇軍、緑営から精兵を抽出して再編成した練軍があり、一括して防軍と呼ばれた。

日清戦争では、李鴻章の淮勇が投ぜられたが、編成、装備、訓練、何れにおいても、日本軍に劣り、劣勢が明らかになると、清朝は、軍隊の再編に乗り出した。督辦軍務処が設けられ、軍事を統括することになり、李鴻章のドイツ人軍事顧問ハンネケン（漢納根）の建議により、彼を指導者として、清政府は廣西按察胡燏棻に命令して、天津郊外の小站で、十営四七五〇人を編成し、ドイツ式の近代軍隊の編成に着手した。これを定武軍という。しかし、戦争中で急を要し、選別する余裕なく、遊民が紛れこみ、前線で敵の気勢に恐れをなして逃亡して潰兵となって略奪をなす始末であった。

下関条約による講和後、直隷總督北洋大臣となる榮祿の推薦で、袁世凱が跡を継ぎ、定武軍を受け継ぎ、七千人に拡充して新建陸軍（新軍）と改名し、本格的な西洋式の練兵に乗り出した。ドイツの軍制に基づき、ドイツの軍官を教師とし、段祺瑞、馮國璋、王士珍、張勲ら天津武備学堂の卒業生を起用し、新たな兵営制度、兵餉の規制、操典を制定し、新式武器で訓練した。士官養成の新建陸軍督練処（後の洋務局）、忠君尽孝の封建思想を教育する徳文学堂を建設した。北洋軍閥の基礎はこの小站練兵時代に築かれた。

新建陸軍が編成される同時期に、両江総督の張之洞も、また自強軍とよばれる新軍を編成した。同じく西洋式訓練及び編成の十三営、二千人ほど。自強軍は、その後、劉坤一などを後任とし、最終的には、袁世凱の手に渡り、新建陸軍に吸収された。新建陸軍と自強軍は、遊民の多い都市ではなく、直隷、江蘇、安徽などの農村から土着民を徴募し、身元の確認と保証を求めた。

日清戦争後、一八九六年、直隷提督聶士成が、淮軍の鼎営を核とし三十営にドイツ式の軍事教練を施し武毅軍に編成した。一八九七年には、董福祥が回民軍の十四営を添加し兵力を厚くした甘軍が移駐した。これら二軍は袁世凱の新建陸軍と並んで北洋三軍と言われたが、新建陸軍がもっとも精鋭を称された。

一八九八年戊戌変法鎮圧後、西太后は、西洋列強の侵入に対処するため、栄禄を軍機大臣として北洋軍の強化を図った。蘆台に駐屯する聶士成の武毅軍を前軍、山海関に駐屯する宋慶の毅軍を左軍、小站に駐屯する袁世凱の新建陸軍を右軍、蘇州に駐屯する董福祥の甘軍を後軍、栄禄が新たに募集する親兵を中軍として五軍を編成し、武衛軍とした。

一八九九年、袁世凱は、山東巡撫となり、武衛右軍を率いて、山東へ行き、義和団運動を鎮圧した。八か国連合軍の侵入、義和団事変で、他の武衛諸軍は戦闘に敗れ解体したが、袁世凱は政府命令を無視して戦争に参加せず、武衛右軍だけが、無傷で勢力を温存した。

義和団事変で連合国に屈し、清朝は、帝国主義諸国の監視下におかれ、清朝政府は、近代化政策をとらざるを得なくなる。とりわけ軍事上の改革は、連合国の近代的軍隊に首都を蹂躙されて必要性を痛感する。ここに、従来の正規軍である「防軍」「練軍」「緑営」を大幅に削減して、軍制や訓練、装備に至るまで完全に西洋式に切り替え、近代的正規軍である新軍を作る。

袁世凱はこの軍事改革、新軍編成の事実上の指導者となった。一九〇三年全国の近代的常備軍の組織を指導するため、これまで各省総督や巡撫が独自で実施していた新軍練兵を中央で統轄するため中央に練兵処が設けられ、慶親王奕劻を総理大臣、袁世凱が会辦大臣。襄同辦理大臣には満州旗人の鉄良が就任したが、袁世凱が実質的に練兵処の実権を握った。各処に督練公所がおかれ、軍備の増強が切迫すると、各省に一鎮または二鎮、全国で三六鎮の常備軍を組織しようとした。しかし、その編成は遅々たるもので、北洋常備軍だけは、満州の戦場を前にして、常備軍の再編成が進められ、日露戦争が終わるまでに北洋六鎮が完成した。京畿常備軍一鎮、北洋常備軍五鎮から成り、北洋常備軍五鎮は、新建陸軍以来、袁世凱が育成した者が将校となり、袁世凱と密接な関係をもつ軍隊となった。

一九〇六年、清朝政府は、本腰を入れて近代化政策に乗り出し、立憲制へと踏み切った。立憲準備の手始めに、官制改革に乗り出し、兵部が陸軍部になった。この改革によって、練兵処は陸軍部に吸収され、陸軍部が全国の軍隊を統括することになった。北洋六鎮も陸軍部の直轄下におかれ、袁世凱の手を離れた。全国の軍隊は、通し番号でよばれるようになり、京畿常備軍が陸軍第一鎮、北洋常備軍は陸軍第二鎮ないし陸軍第六鎮となった。

日清戦争頃までの中国の軍隊は、徴兵制による国民軍隊の日本軍とちがって、募兵制で、兵士になることは嫌われ、応募者は大部分文盲で字が読めず、西洋近代兵器に対する理解がゼロであった。日清戦争直前に編成された新軍である定武軍では、遊民が紛れ込み、允分な訓練を経ないまま戦場に送り込まれたため、日本軍の気勢に恐れをなして逃げまどい新兵器を持ちながら、その操作方法がわからず、パニックになり、新式武器を敵に渡してしまう始末であった。

清朝の近代化政策を担った、陸軍部では、徴兵制の要素を取り入れ、遊民が混入しないよう、都市ではなく農村子弟から、近代兵器、戦術の理解できる文字の読める識字者を採用しようとした。

そのため新しい募兵法として「募練新軍章程」が制定され、農村の村落長に募兵に責任を持たせ、家族をもつ出自の確かな若者を集めようとした。

しかし、結果的には募兵は順調には進まなかった。富裕層の子弟を目標に、部落長の責任で、半ば強制的に出自の確かな兵士を集めようとしたが、富裕層の若者は賄賂や替え玉により、兵士になることを拒否したため、結果的には、一般兵士には、貧困層が多くを占めることになった。

ただし、徴募の段階で、一般兵士と士官候補生とは区別した。士官は国外に留学して軍事を学んできた者と国内の士官学校の卒業生を充てた。清朝の近代化政策の一環として、科挙が廃止された。その影響は大きく、科挙資格保有者（童生）や識字者の一部は、立身の途として武官をめざし、陸軍速成学堂、随営学堂、武備学堂などという士官学校に流れ込んだ。かれらは、学兵とよばれ、下級軍官として養成された。その教官には日本の陸軍士官学校留学生が多かった。かれらは、東京で革命の洗礼を受けていた。士官に任官された者には、蔡鍔、閻錫山、許崇智などの留学生がおり、見識広く、それまでの清朝に愚直に忠誠を尽くす士官とは異なっていた。また革命派の黄興、宋教仁などは、密かに新軍中に呉禄貞、超声、孫武などの革命分子を送り込んだ。革命思想は軍隊内に広まり、革命を目指すグループが生まれた。

一九一一年十月十日武昌新軍内の革命派が蜂起し、湖北政府が成立し、革命は、各省に波及し、十一月末には、二四省のうち十四省が、清朝からの独立を宣言した。こうして、清末の近代化された新軍から辛亥革命がおこり、清朝は倒れ、中華民国が成立した。

袁世凱は、当初、清朝側に属していたが、新軍が革命派に同調して独立すると、北洋新軍の武力を背景に清帝を退位させ、革命派に寝返り、革命派に譲歩を強いて、中華民国の初代大統領に就任した。

袁世凱と革命派の協同で成立した中華民国は、両者の抗争から始まった。革命派は憲法を制定し、国民党を組織し、国民党による責任内閣を組織し、袁世凱の権力を削減しようとした。しかし袁世凱は、国民党の中心人物、宋教仁を上海に暗殺させ、買収と脅迫によって国民党を分裂させ、自己に都合の良い与党、進歩党を組織するなどで、国民党の反発をかい、第二革命が起る。しかし袁世凱は、国民党軍を撃破し、孫文、黄興など中心人物を日本に亡命させ、独裁を強化し、皇帝に即位しようとした。だが時代に逆行する帝制運動に対して蔡鍔、唐継堯らが雲南省で独立を宣言し、第三革命が起り、各省が独立する。袁世凱は失意のうちに憤死する。

独立した各省では、軍事長官である督軍が行政長官である省長を兼ね、軍人が各省を支配するようになる。中華民国政府（北京政府）は、北洋新軍の実力者、黎元洪、馮国璋、段祺瑞らが支配していくが、中国全土を統一する実力はなく、各地に軍人勢力が割拠する情勢となった。軍閥割拠の時代の到来である。

軍閥は互いに勢力を争い、領地拡大をめざし、軍隊を増強する。省の財政の大部分が軍事費に使われ、兵数が膨張する。一九二〇年代の初め全土で百二十～三十万人いた兵士が、一九二五年ごろには百七十～八十万人、北伐が終わった頃には二百二十～三十万にも増加した。

軍閥の軍隊を構成していた兵士の大部分は、仕事を求めて入隊した貧民や流民、遊民であった。兵士は一種の職業であった。旧中国では伝統的に兵士となることは嫌われ、応募するのは、職を失い生活出来ない貧民で、給料を目当てにやむを得ず兵士となるに過ぎなかった。彼らは、給料が目的であるから、仕事としての軍事は出来るだけ回避する。訓練をさぼり、戦場では逃げまくり、脱走、降伏、敵への寝返りが頻発した。戦場から撤退後は沿道の民家を襲い、略奪、強姦に及んだ。肝心の給料は上官に横取りされたり、軍閥政府の財政難から欠配することが多かった。給料をもらえない兵士の対抗手段は兵変（兵士の反乱）であった。一九一九年から、二九年にかけて、二〇六回兵変が起っている。兵変の結果、解散となる軍隊も多かったが、解散後は兵士は、民間の財物を略奪するなどして匪賊に転化する。匪賊はやがて他の軍閥兵士に雇われていく。匪賊の多くは、敗北したり解散されたりした兵士であり、兵士の多くは、応募して編入された匪賊であった。軍閥の兵士の供給源は流民・遊民・匪賊のほかに、団防、民団など民間の自衛団体の構成員も多かった。軍閥兵士、匪賊、自衛団員は、相互に関連しあい、互いに土地、資源、人間の奪い合いしていた。

軍閥間の抗争は、その多くは、北方の北京政府を支配する北洋軍閥と南方の諸軍閥の抗争であった。孫文は広州で軍政府を組織したが、軍事力は南方軍閥を利用し、再三、北伐とよばれる軍事作戦を行うが、うまくいかなかった。

しかしその後、孫文は、五・四運動の民衆の力やロシア革命後のソ連の影響を受け、新たに中国国民党を改組する。孫文は、「連ソ・容共・労農援助」のスローガンを掲げ、共産党と合同し、ソ連の支援下、黄埔軍官学校等で、革命軍を養成し、一九二四年九月軍閥打倒のための北伐を宣言したが、志なかばで病死する。その後を継いだのが蒋介石で一九二六年七月、国民革命軍総司令となって北伐を開始する。

国民革命軍は北上し武漢、南京を占領し、上海に迫った。ところが蒋介石は、一九二七年四月、上海で浙江財閥やイギリスを中心とする列強の要求に屈し、クーデターを起こし、国民革命軍より共産党勢力を追放し、南京に国民政府を立て、一九二八年に北伐を再開し、奉天軍閥張作霖を北京から追放し、北伐を完成させた。

国民革命軍においては、兵士は従来の募集制ではなく義務徴兵制を理想としていた。徴兵制の導入は中国革命同盟会以来の目標であり、一九二四年の国民党第一会全国代表大会で、軍隊建設に関しては、徴兵制に漸次移行するという方針が掲げられた。しかし、徴兵制は一九三三年になって漸く兵役法として公布され、一九三六年末に徴兵による最初の新兵が入隊したが、義務兵役制はなかなか軌道にのることはなかった。名目は徴兵だが、実際は拉致であったという。中国では、戸籍が整備されていなかったので、恣意的な徴兵が行われ、兵隊狩りが横行していた。

兵隊になることは嫌われ、抽選で対象者を選ぶが、選ばれると農民は兵事を恐れ、村から逃亡したり、地方有力者の子弟は、その業務を行う村長や保甲長などと結託して、賄賂を送るなどして、徴兵から逃れた。対象者の成り手がなく、困り果てた村長や保甲長は挙句の果てに、候補者の拉致に乗り出した。その対象者は貧しい農民であり、次には他の村の住民、行商人、寄る辺のないよそ者、浮浪者、乞食などであった。時には兵役対象者の売買も行われていた。強制的に兵士にならされた者が殆どなので、兵士の戦意は低く、前線から逃亡することばかり考えていた。兵士の逃亡を防ぐために。戦場では兵士を監視するために督戦隊が設けられ、逃亡する兵士は射殺された。

国民革命軍より廃除された共産党は、都市で地下活動を続けたが、農村では、毛沢東などが紅軍とよばれた共産党の軍隊を組織し、農村を基盤にソヴィエトを設立し、共産党の支配地域を広げた。江西省の瑞金に一九三一年中華ソヴィエト共和国臨時政府が誕生し、毛沢東が主席に選ばれた。

蔣介石の国民政府は、共産党の支配地域に包囲攻撃を行い、一九二八年以降、五回も猛攻し、激しい内戦が始まった。一九三四年には、国民政府軍は、瑞金を占領した。紅軍は退去して、いわゆる長征を行い、西北の延安に根拠地を移した。しかし、盧溝橋事件に始まる日本の軍事侵略が始まるや、日本に対抗するため、一九三七年、国共内戦は停止された。両党による抗日民族統一戦線が形成され、両党は協力して日本の侵略に対抗した。

しかし、日本の降伏後、再び両党の抗争が始まった。その段階で、紅軍は人民解放軍と改称した。最終的に、国民党は台湾に追いやられ、一九四九年十月、中国共産党による中華人民共和国が成立し、人民解放軍が共和国の軍隊となった。

中国共産党の最初の武装蜂起は、國共合作が崩れた直後の一九二七年八月の南昌蜂起だ。これが失敗したあと、毛沢東は江西省と湖南省の境界にある井崗山を根拠地として革命運動を指揮した。一九二八年四月、南昌蜂起の残兵を率いて湖南地方を転戦してきた朱徳が率いる共産党軍が、これに合流し、「中国工農紅軍」の成立が宣言された。共産党の各地にある武装組織も、この紅軍に統一され、一九三〇年代には一五の根拠地に六万の紅軍が形成された。

紅軍の兵士は、共産党の葉挺、賀龍、朱徳、毛沢東、周恩来などの幹部・政治委員が、農村の大衆から人材を集め、歴戦の勇士に育てたものだった。その前身は、①旧国民党兵士、②地域の会党や土匪、③地域の農民自衛軍、さらには、④流民や遊民が多かった。

①旧国民党兵士としては、共産党員の指揮の下、反乱をおこした国民党軍部隊が、そのまま共産軍兵士となった。(一九二七年の南昌暴動はその典型だ)その後、長征、日中戦争、国共内戦と続くなかで、国民党軍からの捕虜が共産軍兵士として補充され、一九四八年には、補充兵の半分以上が国民党兵士によって占められた。

②次に、ソ連式の都市・労働者中心の革命から、中国式の農村・農民中心の革命に切り替えてから、地域に密着し、地域に根ざした土匪や会党から兵士を多く集めた。

共産党の最初の根拠地井崗山は、もともと匪賊や敗残兵の巣屈であったが、毛沢東は、井崗山に入ると、以前からここを本拠としていた土匪の袁文才、王佐と手を結び、その部隊に政治的、思想的訓練を与えて、しだいに革命兵士に変えていった。

貧窮した労働者や農民達が自衛自活のために集まった無頼の集団「土匪」、都市下層労働者の互助組織としての任侠集団「会党」、共産党は土匪や地域に根付いている会党の存在を重視し、革命のためにこれらの勢力を改編し、労農紅軍に吸収したり、共産党員を土匪・会党に加入させたり、会党を中心とした農民協会を組織したりするなど、さまざまな方法で兵士を集めた。

③清朝末期、太平天国の乱を契機として中国各地に郷村自営のための自警団である団練が郷紳地主の主導でつくられ、農村の治安維持にあたった。民国後は、民団と呼ばれた。地主勢力による郷村防衛の軍隊で、匪賊とともに軍閥の軍隊にとって重要な兵士の供給源となった。しかし辛亥革命後、孫文・蒋介石による軍閥打倒の北伐が北上するに従い、各地で、国共両党の主導下に、農民協会や農民自衛軍が組織され、郷紳地主の民団などの執拗な攻撃に対抗した。とくに広東各地で、設立された農民自衛軍は、黄埔軍官学校等で教育を受けた共産党

員が編成し、訓練にあたった。中国共産党は農民自営軍を取り込み紅軍に組織化した。

④共産軍・紅軍が農村で兵士を募るとき、最初に応じたのは、農民ではなく、流民や遊民であった。地主に支配される農村にあって、農民は地主に報復されるのを恐れて、当初は関係を拒んだ。当時、中国農村には、仕事を持たない種々雑多な人々、いわゆる流民、遊民とよばれる層がたむろしていた。生活が無規律で、詐欺や略奪を事とし、三合会、哥老会、紅槍会など会党・秘密結社と結びついていた。毛沢東は、これら流民・遊民層は、反革命的で退嬰的で危険な存在であるが、他面では非常に勇敢に戦うことができるので、良い指導を得れば革命勢力にかえることが出来るとして、これまでと反対の評価をした。以後、遊民・流民層を紅軍兵士の主要な人材とするようになった。しかし、そのために、徹底した思想教育と厳しい規律が施され、ならず者の集まりを、革命意識に燃えた兵士集団にかえた。識字教育から始まり、革命の意味、共産党の優位性が、畳みこまれた。もちろん、そのような厳しい訓練、教育に耐えられず、脱走する兵士や反乱をおこす者もいたが、それらの反革命兵士は、躊躇なく処刑された。長征をへて延安に到達したときは、革命意識に燃え、軍の規律を守る精鋭なる軍隊に変わっていた。

（本書のために書き下ろし）

参考文献

『中国近代軍閥の研究』波多野善大、河出書房新社、一九七三年
『中国　アナキズムの影』玉川信明、三一書房、一九七四年
『中国民衆にとっての日中戦争』石島紀之、研文出版、二〇一四年
『中国における党軍関係』茅原郁生、外交 vol 4、二〇〇三年

『中国革命と軍隊』阿南友亮、慶応義塾大学出版会、二〇一二年
『広東における農民自衛軍の制度化と発展の過程』阿南友亮、慶応義塾大学法学研究会、二〇〇八年
『中国共産党と農民革命』高橋伸夫　慶応大学法学研究会、二〇〇二年
『新中国初期における社会改革と思想教育運動について』白土悟、九州大学留学センター紀要 24、二〇一六年

『軍紳政権　軍閥支配下の中国』ジェロームチェン、岩波書店、一九八四年
『現代中国』大沢昇、新曜社、二〇一三年
『試論清代遊民』王妖生、中国史研究、一九九一年第三期
『難民たちの日中戦争』芳井研一、吉川弘文館、二〇二〇年
『静かな社会変動』宇野重昭、岩波講座 現代中国第三巻、一九九三年
『中華人民共和国誕生の社会史』第四章 滅びゆく姿、笹川裕史、講談社選書メチエ、二〇一一年
『裁兵問題と国民政府の対策』昭和三年七月十二～十四日、満州日日新聞

『民国前期中国と東アジアの変動』中央大学出版部研究叢書 21、一九九九年
『中国紅軍史』宍戸寛、河出書房新社、一九七九年
『民国後期中国国民党政権の研究』中央大学出版部研究叢書 35、二〇〇五年

『毛沢東の社会精力分析に関する資料』天児慧一、橋研究第30号、一九七五年
『中国革命の挽歌』福本勝清、亜紀書店、一九九二年
『中国革命を駆け抜けたアウトローたち』福本勝清、中公新書、一九九八年
『ソヴィエト革命時期における紅軍の基本的性格に関する一考察』石川忠雄 平松茂雄、法学研究44-3、一九七一
『廖仲愷とその時代～（一）』北村稔、三重大学歴史研究「ふびと」、一九八九年
『革命、土匪と地域社会』孫江、現代中国76、二〇〇二年
『中国秘密結社研究の課題』三谷孝、一橋論叢101の4、一八八九年
『広東東部における紅軍の実態』阿南友亮、法学研究83の6、二〇一〇年
『宗族、農民と井岡山革命』鄭浩瀾、中国研究月報62の3、二〇〇八年
『毛沢東の戦争観』笠原正明、アジア研究6の2、一九五九年
『中国国民党による戦時動員と地域社会』菊池秀樹、アジア研究69の4、二〇二三年
『一九二〇年代広東の民団と農民自衛軍』蒲豊彦、京都橘女子大学研究紀要（19）、一九九二年
『党、紅軍、農民』高橋伸夫、法学研究77の11、二〇〇四年
『湖南省農民運動の視察報告一九二七年三月』毛沢東、中国国際書店、一九六七年
『第一次国共合作の研究』北村稔、岩波書店、一九九八年
『中国社会各階級の分析一九二六年三月』毛沢東、外文出版社、一九六六年
『軍隊の動向からみた辛亥革命』吉澤誠一郎、早稲田大学高等研究所紀要第8号、二〇一五年
『江蘇好男よ、応徴せよ！』星加美沙子、お茶の水史学3、二〇一五年
『中国軍閥に関する一考察』渡辺龍策、中京大学教養論叢1、一九六一年
『中国流民史』池子華、安徽人民出版社、二〇〇〇年
『日中戦争下における「醜の御楯」の意識』小川靖彦、「日本文学」第64巻第5号、二〇一五年

結び　中国軍兵士と日本軍兵士

中国では、宋代以降、科挙が実施され、合格して官僚を務めた士大夫が社会的地位が高かった。文は重んじられる反面、伝統的に武は軽んじられ、兵士に成り手は、いなかった。「良い鉄は釘として打たれず、良い人は兵とならず」という諺があるように募兵に応じるのは、生活に困窮した貧民や寄る辺のない遊民や流民だけだった、かれらは、給料だけが目当てだったから、仕事としての戦争では、弾にあたらないよう、戦場では逃げ回り、兵士としては、余り役に立たなかった。

これに対し、日本では、鎌倉時代以来、武士が政治的に優位で、社会を支配し、武が重んじられ、主君に対する献身と部下への慈愛を骨子に、武勇が重んじられた。日中戦争を聖戦ととらえ、天皇に命を捧げ国を護る気風が、日本軍兵士の行動を支えた。死を前にして逃げ回る中国軍兵士のあり方は、本来の人間の姿であり、日本軍兵士のように「生きて虜囚の辱《はずかし》めを受けず」として、死をものともせず敵陣に突っ込んでいく姿は人間のあり方としては異常である。

（本書のために書き下ろし）

著者 佐々木 寛（ささき ゆたか）

1937年、旧満州・安東市（現丹東市）に生まれる。

東京教育大学文学部東洋史専攻修士課程卒業。東京都立小岩高校教諭、都立上野高校教諭、都立足立西高校教頭、目白学園高校教諭、目白大学講師など歴任。

旧中国の軍隊と兵士

2024年9月30日　初版第1刷発行
2025年6月30日　　　第2刷発行
著　者　佐々木寛（ささき ゆたか）
発行者　段　景子
発売所　日本僑報社
〒171-0021 東京都豊島区西池袋3-17-15
TEL03-5956-2808
info@duan.jp
http://jp.duan.jp
e-shop「Duan books」
https://duanbooks.myshopify.com/

Printed in Japan.　ISBN 978-4-86185-358-6　C0036

忘れられない中国滞在エピソード コンクール受賞作品集シリーズ

第7回コンクール受賞作品集
中国で人生初のご近所付合い

弁添要一 神谷裕 福原愛 金丸利枝 など43人著 段躍中 編

A5判232頁 並製 定価2500円+税
2024年刊 ISBN 978-4-86185-353-1

中国人の日本語作文コンクール 受賞作品集シリーズ

第20回コンクール受賞作品集
AI時代の日中交流
中国の若者たちが日本語で綴った〝生の声〟

段躍中 編

A5判232頁 並製 定価2000円+税
2024年刊 ISBN 978-4-86185-359-3

中国政治経済史論 シリーズ
1.毛沢東時代 2.鄧小平時代 3.江沢民時代

既刊3冊 好評発売中！

毎日新聞「2022この3冊」選出（2022年12月10日）

中国語版、英語版に先駆け、日本語版を初刊行！ 胡鞍鋼 著

A5判600頁 上製 定価18000円+税
2022年刊 ISBN 978-4-86185-303-6

わが七爸《おじ》 周恩来 第1位

Amazon ベストセラー 〈歴史人物評伝〉 (2022/9/29~10/1)

周爾鎏 著
馬場真由美 松橋夏子 訳

親族だからこそ知りえた周恩来の素顔、真実の記憶、歴史の動乱期をくぐり抜けてきた彼らの魂の記録。

A5判280頁 上製 定価3600円+税
2019年刊 ISBN 978-4-86185-268-8

隣人新書21
中国共産党と中国の発展

中国共産党中央党校 副学長
謝春涛 主編 日中翻訳学院 訳

民主政治・経済・法治・文化・人民生活の改善・エコロジー・国防・国家統一・外交政策等、多分野にわたって中国共産党が如何に中国を発展させたのかを解明。

新書判240頁 並製 定価1800円+税
2022年刊 ISBN 978-4-86185-321-0

李徳全 日中国交正常化の「黄金のクサビ」を打ち込んだ中国人女性

石川好 監修
程麻／林振江 著
林光江／古市雅子 訳

戦後初の中国代表団を率いて訪日し、戦犯とされた1000人前後の日本人を無事帰国させた日中国交正常化18年も前の知られざる秘話。

四六判260頁 上製 定価1800円+税
2017年刊 ISBN 978-4-86185-242-8

対中外交の蹉跌
—上海と日本人外交官—

元在上海日本国総領事
片山和之 著

戦前期上海は、日本の対中外交上の一大拠点であった。上海で活躍した外交官の足跡をたどり、彼らが果たした役割と限界、そして対中外交の蹉跌の背景と、現代の日中関係に通じる教訓と視座を提示。

四六判336頁 上製 定価3600円+税
2017年刊 ISBN 978-4-86185-241-1

日中中日翻訳必携 シリーズ
既刊6冊 好評発売中

実戦編Ⅲ
美しい中国語の手紙の書き方・訳し方

武吉次朗先生推薦！ 千葉明 著

中国語手紙の構造を分析して日本人向けに再構成し、テーマ別に役に立つフレーズを厳選。元在ロサンゼルス総領事・元日中翻訳学院講師の著者が詳細に解説。

A5判202頁 並製 定価1900円+税
2017年刊 ISBN 978-4-86185-249-7

日本華僑・留学生運動史

陳焜旺 主編

20世紀の激動する世界、アジアの中で大きく変化した中国と日本。両国のはざまで幾多の困難を克服して生きぬいてきた在日華僑や留学生たちの歩みを華僑自身の手でまとめあげ、後世に伝える一冊。

A5版684頁 上製 定価3500円＋税
2004年刊 ISBN 978-4-88722-006-5

アジア共同体の構築
—実践と課題—

山梨学院大学教授 熊達雲 編

21世紀の今、アジアが最も注目する地域連携構想「アジア共同体（ワンアジア）」。その課題とこれからの行方を、世界で活躍する研究者らが多角的視点と考察で検証する斬新な一冊。

A5判224頁 並製 定価3600円＋税
2021年刊 ISBN 978-4-86185-307-4

さち子十四歳 満州へ
—戦中・戦後 看護婦として—

安川 操 著

第二次大戦時、看護婦として中国へ渡った日本人少女は、戦後も現地の生徒たちと心を通わせた。感動のノンフィクション児童小説。

四六判96頁 並製 定価1200円＋税
2019年刊 ISBN 978-4-86185-279-4

強制連行中国人殉難労働者慰霊碑資料集

強制連行中国人殉難労働者慰霊碑資料集編集委員会 編

戦時下の日本で過酷な強制労働の犠牲となった多くの中国人がいた。強制労働の実態と市民による慰霊活動を記録した初めての一冊。

A5判318頁 並製 定価2800円＋税
2016年刊 ISBN 978-4-86185-207-7

新中国に貢献した日本人たち

中日関係史学会 編
武吉次朗 訳

続編も好評です

元副総理・故後藤田正晴氏推薦!!
埋もれていた史実が初めて発掘された。登場人物たちの高い志と壮絶な生き様は、今の時代に生きる私たちへの叱咤激励でもある。
－後藤田正晴氏推薦文より

A5判454頁 並製 定価2800円＋税
2003年刊 ISBN 978-4-93149-057-4

私が出会った日本兵
ある中国人留学生の交遊録

方軍 著 関直美 訳

丹藤佳紀東洋大学教授 推薦

中国図書賞受賞作、中国十大ベストセラー《我認識的鬼子兵》の邦訳版。

四六版304頁 並製 定価1900円＋税
2000年刊 ISBN 978-4-88722-006-5

忘れえぬ人たち
「残留婦人」との出会いから

神田さち子 著
ちばてつや カバーイラスト

女優・神田さち子のライフワーク『帰ってきたおばあさん』。日本〜中国各地での公演活動と様々な出会いを綴った渾身の半生記。

四六判168頁 並製 定価1800円＋税
2019年刊 ISBN 978-4-86185-282-4

「言の葉」にのせたメッセージ

元駐中国大使 **垂秀夫** 著

駐中国日本国特命全権大使（第16代）を務めた垂秀夫氏が、大使在任期間に中国や日本で行った主なスピーチ等をまとめた外交官人生の締めくくり。

四六判224頁 並製 定価1800円＋税
2024年刊 ISBN 978-4-86185-345-6